Claudia Lorenz-Ladener, Hrsg.

Holzbacköfen im Garten

Bauanleitungen für Lehm- und Steinöfen

Mit Beiträgen von
Deutsches Brotmuseum Ulm,
Heribert Jung, Sigurd Kindel,
Pius Kopp, Eva Mölter,
Dirk Osenberg, Manfred Rascher
und Claudia Lorenz-Ladener

ökobuch

Die Autoren danken allen, die sie bei der Bearbeitung des Manuskriptes mit Rat, Konstruktionsunterlagen und Bildern unterstützt haben.

Alle Arbeitsanleitungen und Angaben in diesem Buch wurden nach bestem Wissen und Gewissen zusammengestellt. Für die praktische Umsetzung lassen sich daraus keine Haftungsansprüche gegenüber den Autoren oder dem Verlag ableiten.

Bibliografische Information der Deutschen Nationalbibliothek

Die Deutsche Nationalbibliothek verzeichnet diese Publikation in der Deutschen Nationalbibliografie; detaillierte bibliografische Angaben sind im Internet unter http://dnb.d-nb.de abrufbar.

Unsere Bücher werden nach höchsten Ansprüchen an Nachhaltigkeit und Ökologie produziert und wir optimieren ständig weiter:

- Papiere und Pappen sind FSC® oder PEFC™ zertifiziert
- Druckfarben auf Pflanzenölbasis
- Druckplattenbelichtung komplett chemiefrei
- Klebstoffe lösungsmittelfrei
- 100% Öko-Strom bei Druck und Bindung
- Müllvermeidung und Recycling bei der Produktion
- kurze Wege, gedruckt in Deutschland

ISBN 978-3-936896-69-5

22. Auflage 2022

Königstr. 43, 26180 Rastede
E-Mail: verlag@oekobuch.de
http://www.oekobuch.de

Druck: Grafisches Centrum Cuno, Calbe

FSC
www.fsc.org
MIX
Papier aus verantwortungsvollen Quellen
FSC® C043106

Fotonachweis:
Umschlag vorn
oben links: Manfred Rascher
oben rechts: Eva Mölter
Mitte links: Sigurd Kindel
Mitte rechts: Bernhard Keller
unten: Sigurd Kindel

Umschlagrückseite
links: Bernhard Keller
rechts: Tobias Junker

Inhalt

1 5000 Jahre Backöfen

Deutsches Brotmuseum Ulm, Hrsg.

Zur Herstellung von Brot, dem ältesten zubereiteten Nahrungsmittel der Menschheit, war und ist ein Backofen nötig. Darum ist er im Prinzip so alt wie das Brot selbst, nämlich mehrere tausend Jahre. Der Bäckerberuf war bis in das späte 19. Jahrhundert ein rein manueller gewesen und Justus von Liebig konnte 1869 noch mit Fug und Recht behaupten „Das Bäckergewerbe ist, wie ich glaube, das einzige unter allen Gewerben, welches seit Jahrtausenden von dem Fortschritt nicht berührt worden ist".
Im Folgenden wird ein kurzer Überblick über die 5000jährige Geschichte des Backofens gegeben, und zwar vornehmlich über Backöfen im Freien, sogenannte Feldbacköfen, vom vorgeschichtlichen Grubenbackofen Germaniens über verschiedene Stadien der Backofenentwicklung, nicht nur in Europa, sondern auch in Afrika und in Asien.

Der germanische Grubenbackofen

Auf seiner frühesten Kulturstufe lebte der Mensch als Sammler, Jäger und Fischer. Er streifte durch die weiten Tundren und Wälder seiner Heimat, lebte vom Fleisch der erlegten Tiere, von Fischen, Schnecken, Muscheln, von Wurzeln, Knollen und Früchten einer wild wuchernden Pflanzenwelt und nicht zuletzt von den Körnerfrüchten der Wildgräser mit ihrem wenn auch geringen Gehalt an Stärke. Es wird vermutet, dass Gerste das älteste Getreide der Indogermanen war. Vom Brotbacken konnte in grauer Vorzeit anfänglich noch nicht die Rede sein. Der Urmensch streifte auf seinen Sammelzügen zunächst einmal die begehrten Gerstenkörner von den Halmen und aß sie gleich aus der Hand. Den Überschuss nahm er als Vorrat mit in seine Wohnstätte. Zufällig werden Körner auch einmal auf die erhitzten Steine seiner Feuerstelle gefallen sein, und er lernte bei dieser Gelegenheit, angelockt durch den Duft, auch den Wohlgeschmack des gerösteten Getreides kennen. Der nächste Schritt war dann, dass er die gerösteten Körner zwischen zwei Steinen zerrieb, Wasser zugab, das Ganze verrührte, kochte und als Brei zu sich nahm.
Gerste ist niemals zum Brotbacken verwendet worden. Das traf erst für Weizen zu, der anfänglich in der gleichen Weise wie die Gerste zerstoßen, gekocht und als Mehlbrei genossen wurde. Da es noch keine feuerfesten Tongefäße gab, benutzte man zum Kochen im offenen Herdfeuer erhitzte Steine, die in mit Wasser gefüllte Holzgefäße oder mit Lehm ausgestrichene Feuergruben geworfen wurden und so das Wasser zum Sieden brachten.
Bei dieser Kochmethode, der ältesten, die es gibt, machte man in der Steinzeit eine überraschende Feststellung: Wurde ein glühend heißer Stein in den zähen Mehlbrei getan, umgab er sich nach kurzer Zeit mit einer erstarrten Kruste. Das so gewonnene „Backwerk" strömte einen herrlichen Duft aus, war knuspriger, schmeckte viel besser, hatte eine feste Gestalt angenommen und bot den nicht hoch genug einzuschätzenden Vorzug, dass man es als willkommene Wegzehrung

mit auf Streif- und Jagdzüge nehmen konnte. Damit hatte man das wohl wichtigste Nahrungsmittel des Menschen, das Brot, entdeckt.
Wegen seiner eigentümlichen Form wird dieses älteste Brot als Schalen- oder Becherbrot bezeichnet. Anfänglich wurde es so hergestellt, dass das Getreide zunächst zwischen zwei Steinen zu einem groben Schrot zerquetscht wurde. In der Jungsteinzeit bildete ein größerer flacher Stein die Unterlage, auf dem ein kleinerer „Läufer" die Körner zerrieb. Im Laufe der Bronzezeit entwickelten sie sich zu einer Handmühle, die aus zwei schweren, übereinander angeordneten, sich drehenden Steinscheiben bestand. Das Mehl, das auf diese Weise gewonnen wurde, war natürlich keineswegs mit dem unsrigen zu vergleichen, aber zur Herstellung der Becherbrote, die eine wertvolle Bereicherung der „Speisekarte" der frühen Menschen bedeuteten, genügte es. Das eigentliche „Backen" ging so vor sich, dass die Steine zunächst im offenen Herdfeuer erhitzt wurden und dann der dicke Mehlbrei über die runden Feldsteine gestrichen wurde, an denen er durchbuk. Die charakteristische Schalen- und Becherform der ältesten bekannten Brotart ergab sich also zwangsläufig aus der Backmethode, bei der die Rollsteine die Aufgabe des späteren Backofens übernahmen.
Für die frühvorgeschichtliche Urform, das Schalen- oder Becherbrot, war kein Backofen notwendig. Die hierzu erforderlichen Backsteine, Gletschergeschiebe und Flussgeröll, lagen überall offen zutage und konnten leicht aufgelesen werden. Sie wuren im Feuer der häuslichen Herdgruben für den Backvorgang durch Erhitzen präpariert. Diese Feuerstellen wurden anfangs bei der nomadisierenden Lebensweise im Freien an einem zufälligen Lagerplatz behelfsmäßig zum Braten der Jagdbeute ausgehoben. Später, nachdem die Urbevölkerung sesshaft geworden war, übernahm man sie in die Wohngrube. Dort erhielten sie zur Festigung eine Ausmauerung aus Feldsteinen, nachdem sie zum Mittelpunkt und zu einer Dauereinrichtung der menschlichen Wohnstätten geworden waren. Ein Beispiel einer mittelsteinzeitlichen Wohngrube (etwa 5000 v.Chr.) wurde bei Grabungen im heutigen Köln-Lindental freigelegt. Die Rekon-

1
Grubenwohnung mit Feuergrube, ca. 5000 v. Chr.

struktion (Abb. 1) zeigt einen Blick in das Innere dieser urtümlichen Behausung. Über der aushobenen Grube wölbt sich, von zwei Pfosten gestützt, das aus Flechtwerk hergerichtete Dach, welches direkt auf dem Boden oder einem niedrigen Erdwall aufsitzt. Einfache Vertiefungen dienen als Vorratsräume und Lagerstätten und übernehmen gleichzeitig die Funktionen von Tisch und Sitzgelegenheiten. Die mit Steinen ausgelegte Herdgrube ist als die Vorstufe für den vorgeschichtlichen germanischen Backofen zu werten.

Abb. 2 zeigt einen sogenannten *langobardischen* Backofen aus dem letzten Jahrhundert v. Chr., der in Langenbeck/Krs. Harburg aufgefunden wurde und ebenfalls die Frühstufe aller Backöfen darstellt. Der Schnitt (Abb. 2 oben) verrät schon bei nur flüchtiger Betrachtung die Herleitung der Anlage von der Herdgrube.

Der langobardische Backofen war zwar genau wie das viel ältere Feuerloch in den Boden eingelassen, jedoch eingewölbt, und kann daher im Unterschied zu einer zweiten vorgeschichtlichen Bauform als *unteridischer Feldbackofen* , oder vielleicht noch besser als Grubenbackofen bezeichnet werden. Er hatte eine runde, mitunter auch ovale Form, und seine Seitenwände, die 30 bis 35 cm in den Boden hinein reichten, waren mit Findlingen ausgelegt. Dieser Feldsteinkranz, ursprünglich nur zu dem Zweck angelegt, die Seitenwände abzustützen, war von grundsätzlicher Bedeutung. Denn Steine haben die Eigenschaft, eine durch Feuer erzeugte Wärme besonders lange zu halten (Speicherwärme), eine wesentliche Voraussetzung für den Backvorgang. Der obere Durchmesser des trichterförmigen Baues betrug 1,2 bis 1,8 m, der untere 0,8 bis 1 m. Die gewölbte Decke bestand aus Lehm, der mit Spreu, Zweigen und Rundhölzern durchsetzt war. Die Lehmkuppel hatte an den Seiten eine durchschnittliche Stärke von 40 cm. Von der Gesamtlänge ragte nur das Lehmgewölbe aus der Erde. An der Stirnseite war die halbrunde Einschüröffnung angebracht. Zur Wartung des Backofens, der größtenteils unterhalb der Bodenfläche lag, musste ein rampenartiger, schräg ansteigender Lauf- oder Bedienungsgraben ausgehoben werden (Abb. 2 unten).

Vielleicht waren die Grubenbacköfen gegen die Unbill der Witterung mit einfachen Schutzdächern ausgestat-

2
Langobardischer Backofen von Langenbeck

tet, wie sie teilweise noch heute bei alten bäuerlichen Backöfen anzutreffen sind.
Das gleiche Prinzip der überwölbten Backgrube, das die langobardischen Backöfen kennzeichnet, fand sich auch bei den *hermundurischen* Anlagen. Abb. 3 zeigt einen Backofen, der in der hermundurischen Siedlung in Riesa freigelegt wurde. Er gehörte zu einem großen, mehrfach unterteilten Herrenhaus, das an der Ostseite eine Vorhalle besaß. Der Backofen lag ebenfalls außerhalb des Hauses, wenn auch in unmittelbarer Nähe. Er ist oval geformt und weist im Unterschied zu dem trichterförmigen langobardischen Backofen senkrechte Lehmwände auf. Er dürfte zu Beginn des letzten Jahrhunderts v.Chr. errichtet worden sein.
Die Erfindung des Backofens brachte eine neue Brotart hervor, die ihrer flachen runden Formen wegen als „Fladen“ oder „Scheibenbrot“ bezeichnet wird. Der Teig war der gleiche wie jener der alten Becherbrote, jedoch leerte man die Teigfladen auf hierfür eigens angefertigte tönerne *Backteller*, auf denen man sie dann in den Ofen schob. Allerdings wurden auch die Fladenbrote direkt in die Glut der Asche oder auf die erhitzte Backsohle gelegt.

Die unterirdischen Backöfen konnten sich bis tief in das Mittelalter hinein behaupten. Abb. 4 zeigt einen aus Findlingen gefügten rechteckigen Backofen aus der Zeit von Heinrich I, der in Werla freigelegt wurde. Die freistehenden Grubenbacköfen waren in der Regel wohl Eigentum eines einzelnen Besitzers, werden aber auch in einigen Fällen einer ganzen Siedlung gehört haben.

Der ägyptische Backofen

Welche Bedeutung in der ägyptischen Vorstellung dem Brotbacken zukommt, zeigt schon die Tatsache, dass seine Uranfänge von dem Nimbus des Mythos umgeben sind. Danach hat Isis die Menschheit das Brotbacken gelehrt und Osiris die Fertigkeit verbreitet, und so sind sie die Schöpfer der ägyptischen Kultur geworden. Während sich der germanische Backofen aus dem unterirdischen Feld- und Grubenbackofen entwickelt hat, wie die Grabungsbefunde des langobardischen und hermundurischen Ofens beweisen, ist der Ursprung des ägyptischen Backofens auf oberirdische, offene Feuerstellen zurückzuführen.
Kunde über die früheste Art des Backens geben etwa 2500 v. Chr. ent-

3
Backofen der hermundurischen Siedlung in Riesa

4 Backofen in Werla, 14. Jh.

standende Darstellungen auf Reliefs, die in Grabkammern gefunden wurden: Backöfen oder Einrichtungen, die als solche bezeichnet werden könnten, gab es zu dieser Zeit noch nicht. Die Brote wurden einfach in der glühenden Asche auf dem Boden (Abb. 5) oder auf einem niedrigen, mit Stummelfüßen versehenen Gestell gebacken. Dieses sehr alte Backverfahren ist höchstwahrscheinlich bis tief in die Urzeit zurückzuführen und taucht vornehmlich bei der Schilderung des Hirtenlebens auf.
Später dann lassen sich, nach den Wandbildern von Grabkammern zu schließen, deutlich fünf Backverfahren (Ofentypen) unterscheiden, die sich vermutlich stufenweise aufeinander entwickelt haben, aber auch nebeneinander bestanden: 1. der offene Plattenofen; 2. das Backen in aufgesetzten Backformen über einer einfachen Steinsetzung; 3. das Backen in aufgesetzten Backformen in einem geschlossenen Feuerraum; 4. der geschlossene zylinderförmige Backofen und 5. schließlich die Herstellung von Feingebäck in besonderen Wannen.
Die frühesten Backöfen sind streng genommen nicht als „Öfen" im heutigen Sinne zu bezeichnen, wenn man darunter einen geschlossenen Feuer- und Backraum versteht. Sie bestan-

5
Aschehaufen mit Kugelbroten

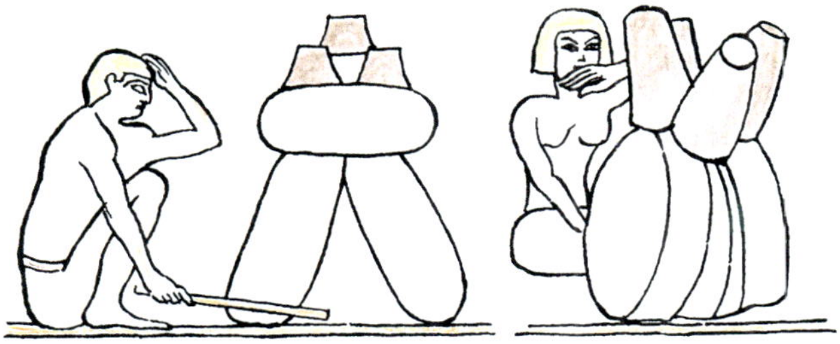

6
Backofen aus drei Platten mit Kuchenformen

7
Backen in stumpfkegeligen Backformen

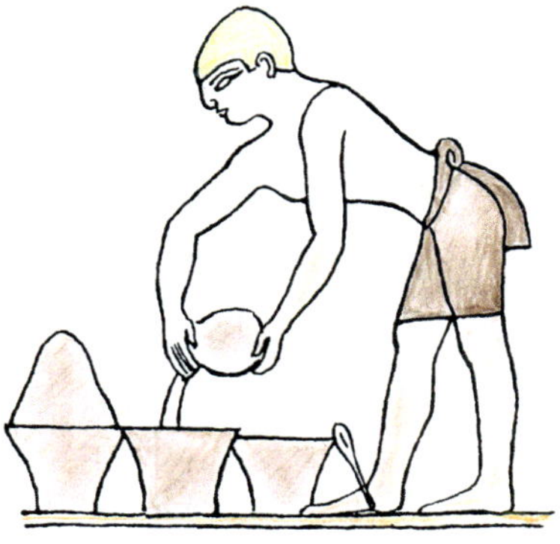

8 *links*
Ofen aus Nilschlamm mit Backformen (Schnitt)

9 *rechts*
Füllen der glühenden Backformen mit flüssigem Teig

den aus mehreren, in der Regel drei bis vier gegeneinander gelehnten Platten aus Ton oder Stein von regelmäßiger Form (Abb. 6). Mitunter waren sie nur oberflächlich zugehauen. Eine darüber gelegte Deckplatte (Abb. 6 links) diente der Aufnahme des groben Backwerkes. Darunter wurde das Feuer angelegt und unterhalten. Infolge seiner eigentümlichen Bauart entwickelt der Ofen nur eine mangelhafte Oberhitze. Im Grunde war er nichts anderes als eine durch eine Steinplatte abgedeckte offene Feuerstelle und nur zum Trockenbacken von dünnen Fladen geeignet.
Auf der Abb. 7 ist ein für die ägyptische Bäckerei höchst eigentümlicher Backvorgang dargestellt: das Backen in Tonformen, ähnlich wie bei unseren Napfkuchen. Die so gewonnenen Brote werden auch als Napf- oder Schüsselbrote bezeichnet. Hierbei wurden die *leeren* Backformen mit der Öffnung nach unten auf der offenen Feuerstelle oder, wie bei dem aus Nilschlamm geformten, geschlossenen Ofen (Abb. 8, Schnittzeichnung) horizontal liegend der Glut des Feuers ausgesetzt. Die glühenden Backformen wurden dann auf die Erde gestellt, mit flüssigem Teig gefüllt und eine zweite, ebenfalls erhitzte Kegelform darüber gestülpt (Abb. 9). Der Teig ging in der geschlossenen Form hoch und konnte unter Einwirkung der in ihr gespeicherten Wärme ausbacken. Der eigentliche Backvorgang spielte sich also außerhalb des Ofens ab.

10
Backofen zu Beginn des Mittleren Reiches

Zu Beginn des Mittleren Reiches gab es erstmals eine Bauform, die tatsächlich als Backofen bezeichnet werden kann (Abb. 10, Längsschnitt).
Er war zweiteilig und bestand aus einer bis etwa 1 m hohen runden oder viereckigen Aufmauerung aus Nilschlamm, dessen unterer Teil den eigentlichen Feuerraum bildete. Auf den kräftigen unteren Teil wurde ein schwächer dimensionierter Aufsatz so plaziert, dass innerhalb des Feuerraumes ein Rand freiblieb, auf den ein Backbrett aufgesetzt werden konnte. Wenn die Flammen heruntergebrannt waren, wurde es von oben eingeführt, danach die Öffnung mit einem Deckel verschlossen und damit war die Gewähr für eine ausreichende Oberhitze gegeben. In der Abb. 10 ist auch das Ende eines Stockes gezeigt, womit der Bäcker das Feuer schürte.
Abb. 11 zeigt die jüngste und gebräuchlichste Form des ägyptischen Backofens, hier auf einem Wandrelief. Die Öfen sind aus lufttrockenen Nilschlammziegeln errichtet, etwa 1 m hoch, in der Regel kegelförmig und von kreisrundem Grundriss. Am Fuße, unmittelbar über dem Boden, befand sich das Schürloch von viereckiger, dreieckiger oder auch runden Form und oben die mit einem Deckel verschließbare Öffnung zum Entweichen des Rauches sowie zum Einlegen der Brote. Während der Befeuerung schlugen die Flammen oben aus dem offenen Ofen heraus, die Brote wurden danach in die Glut der Asche gelegt. Beim Einlegen oder Herausholen des Brotes musste sich der Bäcker tief in den Ofen beugen und bis über die Ellenbogen hineingreifen. Es wird berichtet: „Wenn der Bäcker steht und

backt und Brote ins Feuer legt, so ist sein Kopf innen im Ofen und sein Sohn hält seine Füße fest. Geschieht es, dass er seinem Sohn aus der Hand gleitet, so fällt er in die Glut hinein."
Die Ägypter stellten zahlreiche, der Form, dem Geschmack und dem Namen nach verschiedene Brote her. Neben den alten Fladen- oder Kugelbroten gab es die stumpf- und spitzkegeligen Becherbrote sowie Wannen- und Napfbrote, Kastenbrote, ovale und runde Laibformen. Eine große Rolle spielt im ägyptischen Haushalt das Feingebäck. Honigkuchen z.B. wurde in einer mit zwei Henkeln versehenen Pfanne in einem etwa kniehoch gemauerten Ofen in siedendem Fett gebacken (Abb. 12).
Die Backeinrichtungen und Backöfen, die sich in Ägypten entwickelt haben und die teilweise nebeneinander bestanden, besaßen durchaus eine eigene, spezifisch ägyptische Prägung. Die späteren Backöfen aus luftgetrockneten Nilschlammziegeln waren in der Regel niedrig, kegel-, bienenkorb- oder zylinderförmig gebaut, mit kleinem Schürloch am Boden und einer Rauchöffnung am oberen Ende, durch die auch das Brot eingeführt wurde.

Backöfen in Nordafrika, Indien und im Vorderen Orient

Die wirtschaftlichen und kulturellen Ausstrahlungen des Pharaonenreiches sind sowohl in Nordafrika wie im ganzen vorderen Orient deutlich nachweisbar. In Nordafrika war vermutlich schon im 3., spätestens im 2. Jahrtausend v. Chr., der Backofen bei der einheimischen Bevölkerung bekannt. Ganz gleich, ob nun im Verlauf der Geschichte die Berber den Backofen direkt von den Ägyptern oder auf Umwegen über die Phönizier übernommen haben, jedenfalls taucht er in diesem Gebiet auf, und zwar in einer Bauart, die fast aufs Haar derjenigen im Nilland gleicht. In manchen Gegenden Nordafrikas ist er noch heute im Gebrauch.
Die fest- oder längere Zeit ansässigen Beduinen bauen sich im Vorhof einen *tabuna* (Abb. 13). Dieser Backofen besteht aus einer ca. 60 cm hohen Tonröhre, die innen mit Rillen versehen ist. Außen wird sie mit einem Mantel aus einem Gemisch von Ton und Steinen ummauert. Am Fuße führt von außen ein etwa 15 cm großes Loch in das Innere, dort wird das Feuer entfacht. Ist die Röhre genügend erhitzt, so wird das Zugloch verschlossen, der Teig an die Innenwand geklebt, die obere Öffnung zugedeckt und abgewartet, bis das Brot gebacken ist.

11
Brotbacken bei den alten Ägyptern

12
Backen von Honigkuchen

13
„tabuna“,
Arabischer Backofen

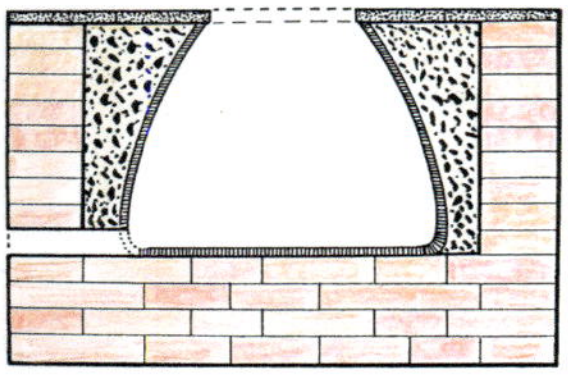

14
Indischer Backofen
(Schnitt)

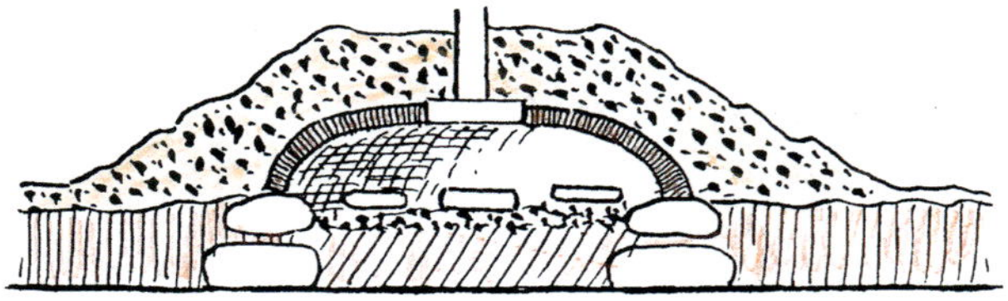

15
Altjüdischer Backofen

Abgesehen von dem Material - bei dem *tabuna* ein Gemisch aus Ton und Stein, bei dem ägyptischen Backofen getrockneter Nilschlamm - ist in dem Typus nach Bauform und Höhe eine nahe Verwandtschaft unverkennbar. Unterschiedlich ist jedoch das Backverfahren, denn die Ägypter legten die Brote in die auf der Backsohle befindliche Glut der Asche.

Das Backverfahren, den Teig an die Innenwand zu kleben, ist auch noch bei einer weitaus einfacheren und sehr viel älteren Ofenart üblich. Bei den Höhlenbewohnern, die in den Randgebieten der Sahara leben, ist der Backofen, der sich im Harem bzw. in der Frauenwohnhöhle befindet, nichts weiter als ein in das Gestein eingegrabenes Loch von etwa 50 cm Tiefe. Darin wird das Feuer angelegt und nach genügender Erhitzung der Teig an die Wand der Grube geklebt. Bauweise wie Backvorgang entsprechen einer bis in die Vorgeschichte zurückreichenden Überlieferung und sind auch bei anderen Völkern zu beobachten, so z.B. in Indien. Abb. 14 zeigt den Schnitt eines gemauerten indischen Backofens aus der heutigen Zeit, wobei die ursprünglichen Anlagen sicher aus Lehm bestanden haben, was in entlegenen Gegenden Indiens auch heute noch der Fall sein dürfte.

Der etwa 80 cm hohe, aus Ziegelsteinen gemauerte Backofen hat äußerlich die Form und auch ungefähr die Ausmaße eines einfachen alten Herdes, wie er auch bei uns üblich war.

Das Innere beherbergt den topfartigen, aus Ton gefertigten Ofen in Gestalt einer Backglocke, deren untere runde und ebene Bodenfläche den Feuerplatz darstellt. Am oberen, verengten Ende befindet sich eine kreisrunde Öffnung. Sie dient als Einschür- sowie auch als Einschießöffnung für das Brot und kann durch einen mit einem Handgriff versehenen hölzernen Deckel verschlossen werden. Die Asche wird durch einen horizontalen, viereckigen Reinigungskanal unmittelbar am Boden der Backglocke entfernt.

Zur Backweise: Aus grobem und ungereinigtem Weizenmehl werden etwa faustgroße Kugelbrote geformt und unmittelbar vor dem Backen mit Wasser befeuchteten Händen so lange bearbeitet, bis sie ungefähr die Größe und Dicke von pfannengroßen Fladen haben. Diese werden von oben durch die Mundöffnung des Ofens hindurch an der Innenseite der mit Holzkohlenfeuer erhitzten Backglocke angeklebt. Da diese etwa 60 cm hoch ist, können mehrere Fladen gleichzeitig angeheftet und gebacken werden. Die Einschießöffnung oben kann während des Backens mit einem Deckel geschlossen werden. Die Fladenbrote sind in ca. 3 Minuten fertig gebacken und lassen sich mit einer Art Feuerhaken aus dem Ofen holen. Die Oberfläche des gebackenen Fladens ist stark blasig und ähnelt in Farbe und Aussehen dem ungesäuerten Passahbrot der Juden, der sogenannten „Matze“.

Dieses uralte Backverfahren ist bemerkenswert. Zum einen wird der Backofen, wie beschrieben, von oben mit Holzkohle beschickt und diese auf der Ofensohle angezündet, also *direkt befeuert*. Hat der Ofen die nötige Backtemperatur, so wird die Holz-

kohle nicht entfernt, sondern kann während des ganzen Backprozesses weiterglühen, da die Teigfladen nicht, wie sonst üblich, auf die Backsohle gebracht, sondern an die Wand der Backglocke geheftet werden. Mit anderen Worten: obwohl der Ofen direkt beheizt wird, kann er, wie ein indirekt befeuerter Ofen, laufend mit Brot beschickt werden. Der Backvorgang selbst wird also während der Befeuerung nicht unterbrochen und der Ofen kann aus diesem Grunde beliebig lange in Betrieb gehalten werden. Eben darin liegt der besondere Vorzug dieses Backprinzips, das im Endeffekt dem eines modernen unterfeuerten Dauerbrandofens gleicht.
Abb. 15 zeigt einen altjüdischen Backofen, hebräisch *tannur* genannt, der ebenfalls im Freien steht. Auf festgestampftem Unterbau, direkt auf dem Erdboden, lagert eine Schicht Kieselsteine als Backsohle. Darüber erhebt sich eine Kuppel aus Ton, die oben ein durch einen Deckel verschließbares Loch aufweist, so dass der Wasserdampf nicht entweichen kann. Durch angezündeten Mist wird in wenigen Minuten die erforderliche Backtemperatur erreicht. Die Teigfladen backen auf dem Boden der Glocke aus, und die fertigen Brote werden dann durch eine kreisförmige Öffnung herausgenommen.

Backsteine, Backroste und Backglocken

Im folgenden werden kurz einige sehr einfache Backmethoden beschrieben, die weit in vorgeschichtliche Zeiten zurückweisen, aber in manchen Gebieten der Erde noch heute üblich sind. Das einfachste und ursprünglichste Backen erfolgte in der Asche des Herdes. Bei der ländlichen Bevölkerung Polens ist ein auf diese Weise hergestelltes Backwerk noch heute unter der Bezeichnung *Aschenbrot* verbreitet. Die Stelle des Herdes nahm bei vielen Völkern ein Stein ein. Bereits bei den Pfahlbauern des Bodenseegebietes waren die sogenannten *Becherbrote* gebräuchlich. Sie kamen dadurch zustande, dass man Teigfladen über erhitzte Rundsteine legte, an denen sie ausbuken und die ihnen ihre typische Becherform gaben. Andere Völker verwendeten für den gleichen Zweck *flache* Steine, so z.B. die Kleinrussen, bei denen sie *plita* hießen. Die Steine wurden im offenen Feuer stark erhitzt, rundum mit glühenden Holzkohlen umlegt, mit Fett bestrichen und löffelweise mit einem ziemlich dünnen Teig aus Buchweizen begossen. Die Germanen verwendeten statt der Steine oft tönerne Backteller, die in die Asche der offenen Feuerstelle gelegt oder in Backöfen geschoben wurden (Abb. 16).
Sie sind gleichfalls in den oberdeutschen Pfahlbausiedlungen festgestellt worden. Diese Backteller finden sich noch heute in Italien, in der Bretagne, im Tessin, in den Balkanländern, in Nordafrika, Kleinasien und Persien. Sogar geflochtene Backunterlagen kommen vor, so bei den Indianern. Ihr Durchmesser schwankt von 12 bis 20 cm, bei einer Tiefe von 4 bis 8 cm. Vielfach werden Schüsseln und Pfannen aus Stein, Ton und später aus Eisen zum Backen verwendet. In Litauen benutzt man jetzt noch *Backpfannen* aus Ton zur Herstellung von sogenannten *Unteraschenfladen*

16
Tönerner Backteller, Jungsteinzeit 3000 - 1800 v. Chr.

17
Backpfanne aus Litauen

18
Backrost aus Graubünden, wohl 17. Jh.

19
„zest“, Backtopf aus Rumänien

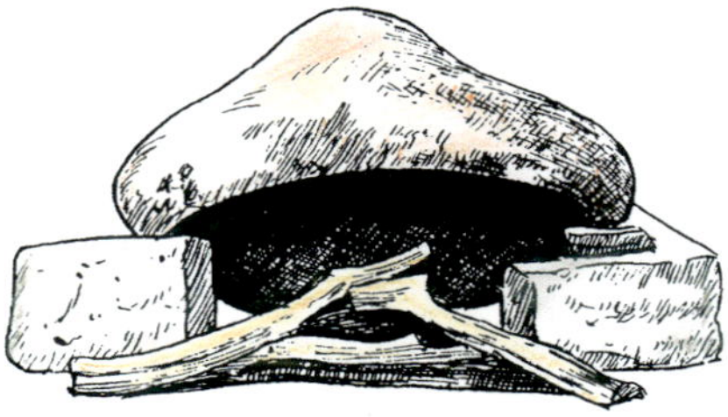

20
Jugoslawische Backglocke, Übergang von der Bronze- zur Eisenzeit, ca. 1000 v. Chr.

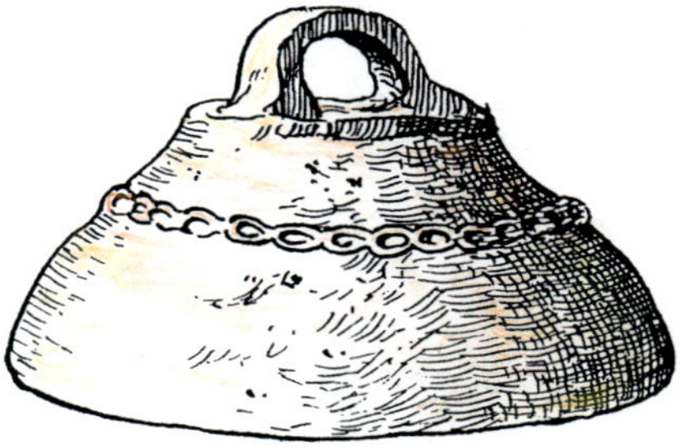

21
Backstangen für Rohrkuchen und Röhrenbrot, Siebenbürgen

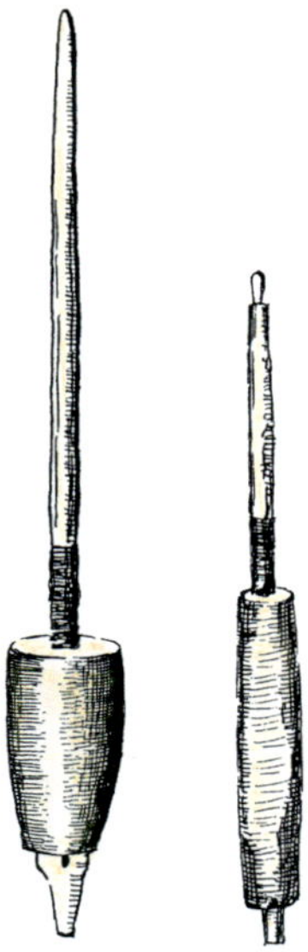

(Abb. 17). Mit einem eisernen Griff, an einem Holzstiel befestigt, kann die eiserne Backpfanne (17 bis 20 cm ø) bequem in den Ofen geschoben und wieder herausgeholt werden. Ähnliche Geräte mit einem eisernen Zapfen in der Mitte und als Drehpfanne eingerichtet fand man ab und zu in norwegischen Gräbern.
Den Backpfannen verwandt sind die *Backroste* (Abb. 18). Das abgebildete Gerät, wohl aus dem 17. Jahrhundert, stammt aus Graubünden und steht im Rätischen Museum in Chur. Die Backroste gehen höchstwahrscheinlich schon auf die Eisenzeit zurück. Das Backen auf dem Rost, früher häufig angewandt, verlor sich nach und nach.
Das einfache Backen mit Backpfannen und Rosten besitzt augenfällig Nachteile, die bei einem zwar sehr alten, aber technisch hochwertigeren Verfahren ausgeschaltet werden, nämlich bei der Verwendung von *Backtöpfen* oder *Backglocken*.
Der größere Vorteil, den sie bieten, besteht darin, dass sich die Eigenfeuchtigkeit des Fladens nicht mehr wie bei Benutzung von Backpfannen und Rosten verflüchtigt, sondern unter dem Schutz und der Einwirkung der Glocke dem Backverlauf nützlich wird. Durch Auswahl eines entsprechenden Getreides und eine sorgfältige Bearbeitung desselben kann der Teig steigen und sich in seinem eigenen Wasserdampf lockern. Ihrem Wesen nach ist die Backglocke ein Backofen im kleinen und wird von einigen Forschern auch als dessen Vorläufer angesehen.
Die Huzulen verwenden noch heute Backglocken. In der Mitte ihrer Wohnhütten steht der aus flachen Steinen gefügte Herd. Die Backfläche hat eine Lehm- und Steinunterlage. Nachdem die Glut heruntergebrannt und die Oberfläche reingefegt ist, wird auf dem durchglühten Backraum der nur mit Wasser und Salz aus Haferschrot geknetete Teig aufgetragen und mit einer Glocke zugedeckt. Im Freien ersetzen den Herd flache Steine oder ein schwach angestampfter Boden. In beiden Fällen wird der Topf wenigstens teilweise mit Asche zugedeckt. In Rumänien wird der Backtopf *zest* genannt (Abb. 19). Er wird vor dem Backen schräg gegen ein Widerlager aus Steinen gelegt und darunter ein kleiner Stoß Holz aufgeschichtet, dessen Flammen beim Abbrennen die Glocke erhitzen.
Abb. 20 zeigt eine jugoslawische Backglocke, deren Nachbildung im Deutschen Brotmuseum in Ulm zu sehen ist. Die 10 cm hohe und 30 cm breite Backglocke aus Ton ist an der Oberseite mit einem Handgriff ausgestattet und mit einem bandförmigen Ornament verziert. Ähnliche Backglocken aus Ton waren in Bosnien und in Siebenbürgen in Gebrauch. Backglocken aus Eisen sind traditionell bei den Beduinen Nordafrikas

verbreitet. Diese Eisenglocken werden zuerst über einem offenen Feuer erhitzt, dann werden die Teigfladen an die gewölbte Außenfläche geklebt. Als Brennstoff wird Holz verwendet, oder, wenn nicht vorhanden, getrockneter Kamelmist. Außerdem benutzen die Beduinen zum Backen der Fladenbrote auch dreifüßige Kohlenbecken.
Abschließend sei noch ein originelles Verfahren erwähnt, das heute in Ungarn noch üblich ist (Abb. 21). Die Backware wird ihrer Form wegen je nach Art als Röhrenbrot oder Rohrkuchen bezeichnet, die mittels Backstangen hergestellt werden. Die spindelartigen oder leicht konischen Backformen aus Ton, Emaille (Abb. 21 links) oder Holz (Abb. 21 rechts) werden auf hölzerne Backstangen aufgezogen, und in die Gabeln eines eisernen Feuerbocks gelegt, so, als wolle man beispielsweise Wild am Spieß braten (Abb. 22).
Die spindelförmige Backform wird mit Teig umlegt, um so durch Drehen um die eigene Achse mittels einer Kurbel über dem Feuer durchgebacken zu werden. Es ist das gleiche Prinzip, nach dem unsere Baumkuchen hergestellt werden.

Der frühgeschichtliche europäische Backofen

Über den frühgeschichtlichen Gang der Entwicklung des deutschen Backofens gibt es merkwürigerweise so gut wie keine Berichte. Die letzten sicheren Befunde liefern die bereits beschriebenen vorgeschichtlichen langobardischen und hermundurischen Backöfen des letzten Jahrhunderts v.Chr., aus denen hervorgeht, dass sich um diese Zeit schon zwei völlig verschiedene Typen herausgebildet hatten, nämlich der unterirdische Gruben- und Feldbackofen außerhalb, und der walzenförmige Lehmbackofen innerhalb des Hauses.

22
Backen von Röhrenbroten

Abb. 23 zeigt ein Haus mit Backofen, das in dem in der Türkenzeit verwüsteten und vor mehreren Jahrzehnten wieder ausgegrabenen Dorf Éte in Ungarn stand. Obwohl bereits dem 8. nachchristlichen Jahrhundert angehörig, ist es ein sogenanntes „Erdhaus", eine sehr einfache Grubenwohnung in der Art etwa, wie sie in den vorgeschichtlichen bandkeramischen Siedlungen der jüngeren Steinzeit üblich waren. Der Innenraum war 90 cm in die Erde versenkt, darüber erhob sich das von zwei Mittelpfosten (c und d) gestützte Giebeldach, das an den beiden Längsseiten auf dem Erdboden aufsetzte und mit Erde bedeckt war. An einer Giebelseite befanden sich im Innern zwei Feuerstellen (a und b) und unmittelbar dahinter als Anbau, teilweise in den Wohnraum hineinragend, der Backofen aus Lehm und dahinter, von dem Backofen etwas überschnitten, eine Grabstätte. Die Sitte, Tote unter dem Hause, oft sogar direkt unter dem Herde oder in dessen Nähe zu bestatten, ist in vorgeschichtlicher Zeit weit verbreitet gewesen

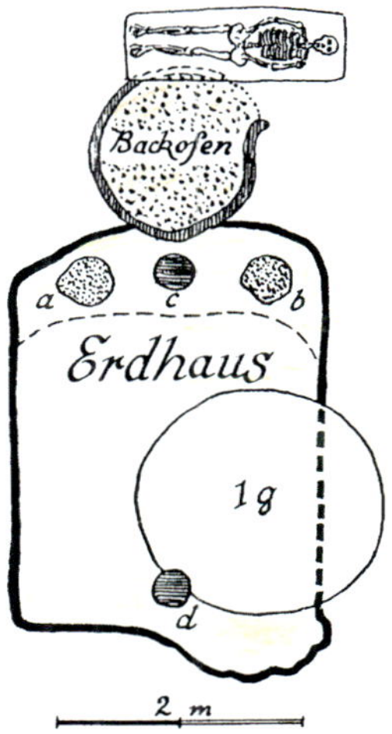

23
Erdhaus mit Backofen des in der Türkenzeit verwüsteten Dorfes Éte, Ungarn, 13. Jh.

24
Bäuerlicher Kuppelbackofen im Balkan

und auch in Deutschland nachweisbar. Bemerkenswert ist, dass Hausformen der beschriebenen Art in einem Gebiet der Kleinen Donau bis vor wenigen Jahrzehnten noch anzutreffen waren.
Aus dieser frühgeschichtlichen, halbgrubenförmigen Anlage ist höchstwahrscheinlich der Ofentypus hervorgegangen, der auch bei dörflichen Neubauten noch heute immer wieder auftaucht und mit Sicherheit auf eine uralte, tief eingewurzelte Tradition zurückzuführen ist, ja sogar in die vorgeschichtliche Zeit hineinreichen dürfte. Auf dem Balkan sind in abgelegenen Gegenden hier und da Backöfen zu finden, die wegen ihres ungewöhnlich urtümlichen Aussehens auffallen (Abb. 24). Auf einem einfachen Unterbau aus Feldsteinen erhebt sich ein kuppelförmiger Aufbau von unregelmäßiger Form. Er erscheint mit seiner großen saugenden Einschüröffnung fast wie ein drohendes Relikt. Solche Backöfen waren vermutlich auch in Deutschland üblich, freistehende Lehmöfen außerhalb des Hauses, die den Bedürfnissen des Besitzers dienten und teilweise wohl auch der gesamten Siedlungsgemeinschaft zur Verfügung standen.
Ähnlich urförmige Anlagen finden sich in Ungarn wieder. Abb. 25 zeigt eine Dorfgemeinschaftsbackanlage, drei spitz- bis stumpfkegelige Backöfen aus Lehm auf einem gemeinsamen Unterbau. Ihre großen Einschüröffnungen konnten durch grob zugeschnittene Holzplatten verschlossen werden. Die spitzkegeligen Formen sollen in Ungarn nach Einbruch der Türken gebräuchlich geworden sein. Verschiedentlich werden Schutzdächer aus unbearbeiteten Pfosten errichtet, deren gegabelte oberen Enden Stangen mit darüber gelagerten Brettern tragen (Abb. 26). Eine vor die Einschüröffnung gesetzte blockige Feuerbank mit seitlichen Windschutzplatten erleichtert die Arbeit beim Backen.
Abb. 27 zeigt einen kleinen ungarischen Backofen, der neben dem Brotbacken auch zur Bereitung anderer Speisen dient.
Über die Backöfen im alten Rom (und ähnliche in Griechenland) sind wir durch eine Darstellung vom Grabmal des Bäckers Eurysaces in Rom unterrichtet (Abb. 28). Die Römer haben vermutlich den Backofen von den Griechen übernommen und diese wieder von den Völkern Nordafrikas. Nach der Darstellung zu urteilen, verwendeten die Römer kuppelförmige Backöfen auf quadratischem Sockel von tadelloser Bauausführung.

25
Backöfen aus Ungarn

26 Backofen mit Schutzdach

27 Zwergbackofen

Grabungsfunde in Pompeji förderten Anlagen anderer Art und weit größerer Dimensionen und vor allem mit wesentlichen Verbesserungen ans Tageslicht. Sie waren im Vergleich zu den Konstruktionen anderer Völker und vorhergehender Epochen zu ihrer Zeit höchst modern. Der in Abb. 29 vorgestellte Backofen gehörte zu einer gewerbemäßig betriebenen Groß-Bäckerei und zeigt, innerhalb eines großen Backraumes stehend, sich als mächtiger aus Feldsteinen im Verband mit Ziegelsteinen gemauerter Bau von viereckiger Basis, der ursprünglich mit Lehm verkleidet war. Die einfassenden Seitenwände sind vorgezogen und bilden an der Stirnseite eine Art Vorraum, der oben von einem Rundbogen abgeschlossen wird, ähnlich einer Bauweise, wie sie über ein Jahrtausend später bei deutschen Backöfen vielfach üblich wurde. Unter der Brustöffnung des Ofens ist erstmalig eine in der Ansicht rechteckige Untermauerung feststellbar, die vermutlich der Aufbewahrung von Brennholz diente. Vor dem rechten Stirnpfeiler fällt auf dem Fußboden eine niedrige Steinsetzung auf, ein Behältnis oder eine Art Wanne für das zum Backen benötigte Wasser. Interessant sind innerhalb der Backstube auch die Mahlsteine, die in einer Reihe hintereinander angeordnet sind. Auf einem niedrigen runden Sockel aus unbearbeiteten Feldsteinen stehend, geben sie sich bereits als Drehmühlen zu erkennen. Der obere, umgekehrt konische Mahlstein oder Läufer ist von einem im Querschnitt viereckigen Kanal durchzogen, durch den ein Querholz als Mahlstange gesteckt wurde, die an beiden Seiten weit herausragte. Backgehilfen packten diese an beiden Enden und setzten die Drehmühle in Tätigkeit, indem sie das Querholz in Schulterhöhe vor sich herschiebend im Kreise umschritten und dadurch den oberen Mahlstein in rotierende Bewegung setzten.

28
Darstellung eines Backofens auf dem Grabmal des Eurysaces

29 Bäckereibackofen aus Pompeji

Kuppelförmige Backöfen wie die römischen scheinen gleichfalls nördlich der Alpen während des ganzen Mittelalters die Regel gewesen zu sein, wie eine Abbildung aus Rudolf von Ems´ „Weltchronik“ zeigt, einer Handschrift, die um das Jahr 1350 nach Chr. verfasst wurde (Abb. 30). Der herrschaftliche Kuppelofen stand höchstwahrscheinlich außerhalb des Hauses und war nur von mäßiger Höhe. Nach der Abbildung zu schließen, ruht er auf einem kastenartigen, vorne offenen Unterbau.

30
Kuppelförmiger Backofen aus der Weltchronik des Rudolf von Ems, um 1350

31
Herdbackofen im Werdenfelser Museum, Garmisch-Partenkirchen

Backhäuser

Neben *Feldbacköfen* und *Stubenbacköfen* gab es die in Norddeutschland noch heute zuweilen anzutreffenden, vorwiegend mit der bäuerlichen Kultur verbundenen *Backherde.* Bei ihnen war innerhalb des Hauses die Backvorrichtung mit dem Herd kombiniert, wobei die kleinen Tonnengewölbe unterhalb der Feuerungsstelle nicht nur zum Aufstapeln und zum Trocknen von küchenfertigem Brennholz, sondern zuweilen auch als Brutplatz für Glucken und dann als Unterschlupf und Nistplatz für ausgeschlüpfte Küken benutzt wurden (Abb. 31).

Eine Übergangsform vom Stubenbackofen zum freistehenden *Backhaus* zeigt Abb. 32. Zwar war die Unterbringung der Backöfen innerhalb des Hauses zweifelsohne die praktischste und bequemste Lösung, bei kleinen Wohnstätten war jedoch oft nicht genügend Raum vorhanden, den vielfach recht großen Backofen im Inneren unterzubringen. Vielleicht spielten auch andere Ursachen mit, jedenfalls wurde eines Tages der Backofen nach draußen verlegt. Diese Backöfen, die auch heute noch in

ländlichen Gegenden anzutreffen sind, wurden zwar noch von der Küche aus bedient, sind aber an deren Außenwand angebaut. Abb. 33 zeigt einen Backofen aus Fiß im Inntal. Die aus Lehm geformte Kuppel schließt mit der begradeten Seite dicht an die Außenwand des Hauses, in die auch die Einschür- und Backöffnung eingebaut ist. Der eigentliche Backofen ruht auf einem kräftigen gemauerten Sockel. Ein übergebautes, an die Wand angelehntes kleines Pultdach dient als Wetterschutz.
Bei aufwendigeren Ausführungen, wie bei einem Backofen aus Moerbitz bei Chemnitz (Abb. 34), wird er von einem dem Fachwerk des Wohnhauses angeglichenen, an der Seite offenen Schutzbau umgeben. Die vierkantigen Pfosten tragen ein steiles Satteldach. Der mit einem eigenen Schornstein ausgerüstete Backofen ist schon fast ein eigenes Häuschen, von dem allerdings nur das unvermauerte Ständerwerk als Gerüst steht. Da er noch vom Inneren der Küche aus bedient wird, stellt er eine Verbindung von Backofen und Küche dar.
Es ist nunmehr nur noch ein Schritt bis zum Backhaus, das als letztes Glied einer jahrhundertelangen Entwicklung erscheint, wenigstens soweit sie sich auf den bäuerlichen Backofen bezieht.
Im Backhaus hat der Backofen, völlig losgelöst vom Wohnhaus, seine endgültige und bezeichnende Form als freistehendes, selbständiges bäuerliches Bauwerk erhalten.
Auf einem Holzschnitt aus Vergil, Straßburg, 1502, erscheint bereits ein mittelalterliches Backhaus (Abb. 35). Es ist wohl das älteste Dokument, das seine Existenz urkundlich belegt. Zweifelsohne handelt es sich hierbei um eine bäuerliche Anlage. Der Back-

32 Angebauter Backofen im Székler Land

33 Backofen aus Fiß im Inntal

34 Backofen als Küchenanbau mit Schutzdach aus Moerbitz

35
Backhaus nach einem Holzschnitt aus Vergil, Straßburg, 1502

ofen steht auf einem flachen, ringförmigen Podest und wird eigenartigerweise von Füßen getragen. Wenn die Wiedergabetechnik des Holzschnittes nicht trügt, sind der wuchtige Kuppelofen, Podest und Füße bereits aus Ziegeln ausgeführt. Ein leichter, vorne offener Holzbau mit steilem Dach gibt ihm Wetterschutz.
Die Schutzhäuser sind aus behelfsmäßigen Einrichtungen hervorgegangen, die noch in der Gegenwart nachweisbar sind. Abb. 36 zeigt eine verbesserte Ausführung. Dieser Backofen zeichnet sich zudem noch durch eine nicht alltägliche Konstruktion aus, er ist verhältnismäßig niedrig, fast kastenförmig und hat eine flache Decke. An der linken Seite steigt vor der Einschüröffnung ein gedrungener, stutzenartiger Schornstein empor. Dem eigentlichen Ofen ist ein aus Ziegelsteinen gemauerter tonnenförmig gewölbter Vorraum vorgelagert. Das gesamte Bauwerk wird von einem pultdachartigen *Windschirm* aus Holz geschützt, der hinten direkt auf der Ofendecke aufliegt und vorne aufgeständert ist.
Bei all diesen alten Bauweisen ist das Backgewölbe stets sichtbar geblieben. Aus dieser Vorform ist das *Backhaus* in seiner endgültigen Gestalt hervorgegangen, wie es noch überall in Deutschland anzutreffen ist. Abb. 37 zeigt als typisches Beispiel ein Backhaus in Niederbayern. Das kuppel- oder walzenförmige Backgewölbe ist mit einer allseitigen, gemauerten Verkleidung versehen, dessen Seitenwände mehr oder weniger vorgezogen sind und einen Vorraum bilden, zu dem an der Giebelseite eine meist türlose, torartige Öffnung Zutritt verschafft. Der umschlossene Vorplatz dient in der Hauptsache als Windschutz und wird gleichzeitig als Abstellraum für Backgeräte benützt. Aus dem ziegelgedeckten Satteldach ragt im vorderen Teil der meist sehr kurze Schornstein empor. Eine Eisentür verschließt die Backöffnung an der Stirnseite des Backgewölbes. In Mitteldeutschland sind die Backhäuschen vielfach größer und als Fachwerkbauten ausgeführt.
Ungewöhnlich große Backhäuser finden sich im Spreewald. Abb. 38 zeigt das Innere eines solchen mächtigen, fast hallenartigen Bauwerkes. Der eigentlich aus Lehm gefertigte Backofen hat die übliche Kuppelform, die an und für sich schon durch ihre Ausmaße auffällt und auf einem flachen, gemauerten Sockel aufsitzt. Zwei sehr kräftige Stützpfeiler aus Ziegelsteinen, die der geradflächigen Stirnwand des Ofens vorgesetzt sind, tragen den hoch ansteigenden Schornstein. Die ganze Anlage ist ihrereseits wieder von einem sehr großräumigen Bauwerk, dem Backhaus, umgeben. Das Gebäude hat die Merkmale einer typisch wendischen Bauweise. Der hohe und steile Dachstuhl, dessen kräftiges Sparrenwerk den Innenraum überspannt, ruht auf den im Blockhausstil ausgeführten Wänden aus kräftigen, behauenen, bohlenartigen Stämmen. Die großräumigen Backhäuser bieten den Vorteil, dass bei ihnen, unabhängig vom Wohngebäude, bei Wind und Wetter, im Sommer wie im Winter alle zum Backen notwendigen Vorbereitungen und Vorrichtungen vorgenommen werden können, selbst dann, wenn bei festlichen Anlässen ein größeres Personal erforderlich wird.

Zum Abschluss soll hier noch eine Frühform des deutschen Gewerbebackofens vorgestellt werden, der auch heute wieder mancherorts zu

Ansehen kommt (siehe Kap. 3). Abb. 39 zeigt einen mittelalterlichen *fahrbaren Backofen* in den Straßen von Konstanz während des berühmten Konzils (1414 bis 1418). Der zeitgenössische Holzschnitt gibt in liebevoller Kleinmalerei anschaulich die bewegte Szene wieder: zwei Männer ziehen ein zweirädriges Fahrgestell, auf dem ein kuppelförmiger Backofen montiert ist. Aus der Darstellung geht hervor, dass er aus Lehm gefertigt ist und inwendig wahrscheinlich das gleiche umkleidete Traggerüst aus Zweigen und Flechtwerk wie die vorgeschichtlichen Öfen enthält. Ein Bäcker schiebt mittels eines Schießers gerade das fladenartige Brot ein. Es hat, nach der Darstellung zu schließen, den Anschein, dass für den Vorgang Backteller benutzt werden. Wie auf dem Stich zu sehen ist, waren auch Bretzeln damals schon ein begehrtes Backwerk.

Abdruck mit freundlicher Genehmigung des Deutschen Brotmuseums. Auszug aus dem Buch **5000 Jahre Backöfen** *von Fritz Blümel und Waldemar Boog, herausgegeben vom Deutschen Brotmuseum e.V., Ulm 1977*

Alle Zeichnungen: Fritz Blümel

36
Backhaus mit Windschirm aus Kalchern, Südtirol

37
Freistehender Backofen als Hof- oder Gemeindebackofen

38 Backhaus aus Lehne, Spreewald

Literatur

Blümel, F.; *Deutsche Öfen*. Der deutsche Kunstofen von 1480 bis 1910, 1965

Breasted, J.H.; *Egyptian Servant Statues*. 1948

Erman, B./Ranke, H.; *Ägypten und ägyptisches Leben im Altertum*, 1923

Faber, A.; *1000 Jahre Werdegang von Herd und Ofen*. Ausgewählte Kapitel von ihrer technischen Entwicklung bis zum Beginn des 19. Jahrhunderts. 1950

Hoops, J.; *Waldbäume und Kulturpflanzen im germanischen Altertum*. 1905

Maurizio, A.: *Die Geschichte unserer Pflanzennahrung*. 1927

Mollenhauer, H.P.; *Das Grabmahl des Eurysaces. Getreide, Mehl und Brot*. 28. Jg., 1974, S.74-80

Mohs, K.; *Unser Backofen*. Vom Backstein bis zum selbsttätigen Backofen. 1922

Reinerth, H.; *Backöfen der jüngeren Steinzeit*. Prähistorische Zeitschrift 20, 1929, S. 190-199

Steindorf, G.; *Das Grab des Ti*. 1913

v. Stokar, W.; *Die Urgeschichte des Hausbrotes*. 1951

Währen, M.; *Getreide und Brot im alten und neuen Nordafrika*. Brot und Gebäck, 13. Jg., 1959, S. 21-29

Währen, M.; *Die Backvorrichtungen des Altertums im Orient*. Brot und Gebäck, 14. Jg., 1960, S. 86-96

Wreszinski, W.; *Atlas zur ägyptischen Kulturgeschichte III*. 1923

39
Fahrbarer Backofen auf dem Konzil von Konstanz, 1414 - 1418.

Bilder auf Seite 23:
Bilder aus dem Freilichtmuseum (L'Ecomusée d'Alsace, Ungersheim, Frankreich): In früheren Zeiten waren Backöfen häufig an bäuerliche Wohnhäuser angebaut. Die Backöfen, oftmals aus Lehm gebaut, wurden von innen bedient, der Feuerungsraum befand sich jedoch aus Brandschutzgründen außeralb des Hauses. Das hatte auch den Vorteil, dass es beim sommerlichen Backen nicht allzu heiß im Haus wurde.
Fotos:
Claudia Lorenz-Ladener

1

2

3

2 Backofen-Selbstbau

Manfred Rascher

In jüngerer Zeit wird das Wissen über frühere Backofenformen und Backtechniken immer rarer. Ein Vergleich zwischen römischen Backöfen und auch in unserem Jahrhundert gebauten lässt jedoch ahnen, dass sich in den letzten Tausend Jahren nicht sehr viel verändert hat, was den Stein- oder Lehmbackofen betrifft.
Wesentliche Veränderungen waren beispielsweise, dass Backöfen in dicht besiedelten Dörfern wegen ihrer großen Feuergefahr immer weiter weg von bewohnten Gebäuden errichtet wurden. Die vollkommen abseits vom Wohnhaus errichteten Backöfen brachten für die Betreiber (in aller Regel die Bäuerinnen des Dorfes) zunächst einmal Nachteile mit sich: Bei Wind und Wetter mussten die empfindlichen Brotteige zu den Öfen getragen werden, was sicher nicht immer angenehm war.
Des Menschen Wunsch nach Bequemlichkeit ließ alsbald Backhäuser entstehen, deren Inneres neben dem zentralen Ofen auch noch einen Vorraum oder zumindest überdachten Vorbau aufwies (Abb. 1 bis 3).
Statt der vielen von den Orten verstreut liegenden und immer mehr verfallenden privaten Backöfen wurde ab Beginn des 18. Jahrhunderts die Errichtung von Gemeindebackhäusern propagiert. Ein solcher, aus alten Backofentrümmern 1983 wieder aufgebaute Gemeindebackofen steht im mittelfränkischen Wendelstein und wird seither eifrig wieder benutzt (siehe Abb. 34 bis 36).

1 bis 3, Seite 24
Alte Backhäuser aus Mittelfranken als historische Vorbilder

Backofentypen

Die historische Entwicklung des Backofens, dieses *profanen Hausgerätes*, wie die Kunsthistoriker ihn u.a. nennen, führte zu verschiedenen Formen und Funktionsweisen, hat aber an der grundsätzlichen *Brotlaibform* der Backkammer so gut wie nichts geändert. In der Abb. 4 sind die prinzipiellen Funktionsweisen entwicklungsgeschichtlich dargestellt:

- a Urform des Backraums, der Ofen wird durch ein Mundloch (rechts) beschickt und entsorgt. Der Rauch entweicht ebenfalls durch diese Öffnung.
- b Der Rauch kann durch einen eigenen Zugkanal, der über dem Mundloch nach außen tritt, aus dem hinteren Teil des Backraums entweichen. Alle Zugkanallösungen haben den Vorteil, dass sich ein gleichmäßiger Zug vom Mundloch zum Zugkanal ausbilden kann, und somit der Ofen ebenfalls gleichmäßig erwärmt wird.
- c Wie b, jedoch sorgt ein Schornstein für besseren Zug und hält den Platz vor dem Ofen weitgehend rauchfrei.
- d Der Zugkanal beginnt ebenfalls im hinteren Ofenbereich, mündet aber darüber im Schornstein. Diese Lösung hat gegenüber c den Nachteil, dass der Zugkanal nicht über der Backraumdecke verläuft und diese daher nicht zusätzlich von oben her erwärmen kann.

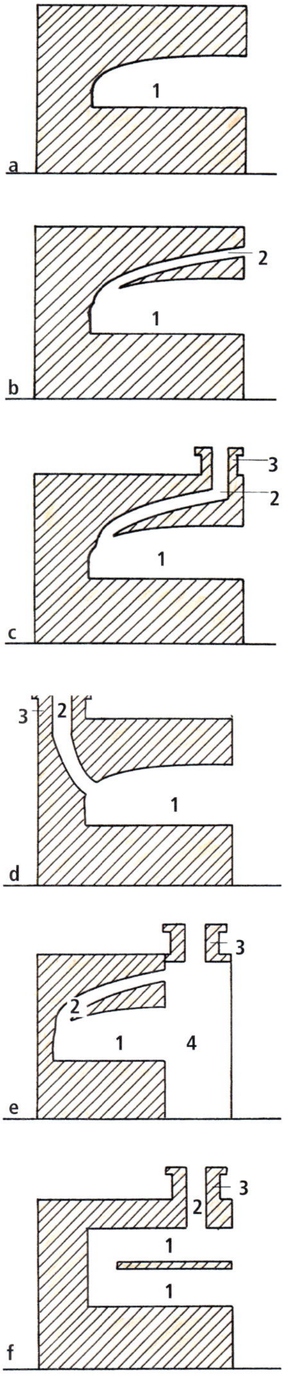

4 Backofentypen
1 Mundloch 2 Zugkanal
3 Schornstein 4 vorgebauter Raum

e Der Backraum ist kleiner gezeichnet, dies dient hier aber nur der Vergleichbarkeit. Der Ofen verfügt ebenfalls über einen Zugkanal, der über dem Mundloch ins Freie tritt, in diesem Fall über einen vorgebauten Raum (4), der oben in die Schornsteinöffnung mündet. Nach diesem Bauprinzip sind die meisten Gemeindebacköfen hergestellt.

f Ein Backofen mit zwei Ebenen. Der Backraum ist in der Mitte in einen unteren und oberen Raum längsgeteilt. Der untere Teil wird befeuert, wobei das Rauchgas um den Umbrand in die obere Backraumhälfte steigt (d.h. die Heizgase werden um die Platte gelenkt, die den Backraum horizontal trennt) und sie an deren vorderem Ende durch den Schornstein verlässt.

Bei sehr großen Backöfen war die gleichmäßige Erwärmung der riesigen Backräume nicht ohne weiteres gegeben. Die Erbauer entzogen dem Ofen die großen Rauchgasmengen durch mehrere, in der Regel bis zu 5 Zugkanäle (Abb. 5 und 6). Damit nun nicht die äußeren, kürzeren Zugkanäle (1,2,4,5) schneller und leichter ziehen konnten als Kanal 3 und der Ofen an den Seiten heißer würde als im hinteren Bereich, mussten die seitlichen Züge durch künstliche Verlängerung des Weges (Einbau von Kurven) auf die gleiche Länge gebracht werden wie der längste Kanal 3. Alle Züge waren somit gleich lang und wiesen das gleiche Zugverhalten auf. Abgesehen von ihrem Gebrauch in sehr großen Bäckereien, kamen solche großen Backöfen vor allem als Militärbacköfen zum Einsatz. In ihnen konnten bis zu 500 Brote gleichzeitig ausgebacken werden; auch gestatteten diese Öfen mehrmaliges Backen nach einer einzigen Befeuerung. Bei allen bisher geschriebenen Backöfen konnte sich der aus dem Backgut entweichende Dampf mehr oder weniger schnell verflüchtigen. Je mehr „feineres“ Backwerk aber von den Kunden verlangt und daher gebacken wurde, desto wichtiger wurde es für den Bäcker, den Dampf (auch Wrasen genannt) länger als bisher im Ofen zu halten. Dies gelang mit einer einfachen baulichen Veränderung:
Der Backraum wurde schräg nach hinten ansteigend gebaut, so dass der Dampf nicht mehr aus dem (tiefer liegenden) Mundloch entweichen konnte. Auch die Zugöffnung ließ sich von außen durch Blechschieber, passende Steine oder Drosselklappen verschließen (Abb. 7). Nach dem Abbrand und Entleeren der Verbrennungsrückstände kann der Ofen auf diese Weise dicht gemacht werden, das heißt, es

5
Großer Backofen mit fünf Zugkanälen

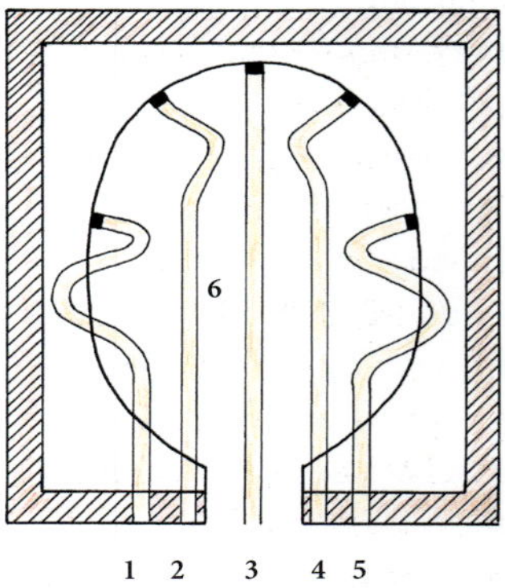

6
Alle Kanäle müssen wegen gleichmäßigen Zuges gleich lang sein.

entstehen durch Zug vom Mundloch zum Schornstein keine Wärmeverluste mehr.

Backofen-Selbstbau

Der Backofen für den privaten Gebrauch erlebt derzeit eine Renaissance. Im folgenden wird beschrieben, was beim Selbstbau eines Gartenbackofens beachtet werden sollte und welche Lösungsmöglichkeiten und Vorschriften es gibt. Bewusst wurde darauf verzichtet, eine bestimmte, eingegrenzte Möglichkeit als Selbstbauvorschlag aufzugreifen. Vielmehr soll ein möglichst weit gespannter Überblick über das Machbare gegeben werden.

Die Baugenehmigung

Wie nicht anders zu erwarten, hat vor den Bau eines Backofens im Garten der Gesetzgeber die Baugenehmigung gesetzt. Anders als bei Öfen, die in ein Haus eingebaut werden, handelt es sich bei Backöfen - ganz gleich wie groß oder klein der jeweilige Ofen ist - um ein *Gebäude*. Zwar gibt es inzwischen vereinfachte Baugenehmigungsverfahren und eine Vielzahl von genehmigungsfreien Bauten, aber in dem *Backofengebäude* befindet sich eine Feuerstelle, und die ist immer noch und weiterhin genehmigungspflichtig. Auch muss der Bezirksschornsteinfeger den Schornstein des Backofens abnehmen, das heißt zur Inbetriebnahme genehmigen.
Grundsätzlich gibt es mit der Genehmigung keine Schwierigkeiten, insbesondere wenn sauber und den Vorschriften des geltenden Bauordnungsrechtes entsprechend geplant und gemäß dem Stand der Technik gebaut wird. Allerdings, dies sei hier vermerkt, werden die Baubehörden ein strenges Auge auf den Standort des künftigen Backofens haben. Warum? Angenommen, auf die mit einem Reihenmittelhaus bebaute 250 m^2 große Grundstücksfläche soll ein Backofen erstellt werden. Das Grundstück ist 6 m breit, die daneben liegenden Grundstücke ebenso. Selbst wenn die direkten Nachbarn in den zeitweisen Betrieb eines (zu Beginn qualmenden!) Backofens einwilligen, ist es fraglich, ob dies auch die übernächsten Grundstückseigentümer billigen. Um von vorneherein nachbarschaftliche Beschwerden auszuschließen, prüft die Baubehörde, ob aufgrund immissionsrechtlicher Vorschriften in diesem Fall ein Backofenbau zulässig ist. Hier hat der Umweltschutz Vorrang.
Weniger oder keine Probleme werden die Besitzer freistehender Ein- oder Zweifamilienhäuser mit entsprechend größeren Grundstücken haben. Dort gestattet allein die Grundstücksgröße eine optimale Plazierung des Ofens, und die Abstandsflächen können eingehalten werden.
Es ist zu empfehlen, vor Planungsbeginn auf dem zuständigen Stadt- oder Kreisbauamt verbindliche Erkundigungen einzuholen, ob der Backofenbau auf dem vorgesehenen Grundstück zulässig ist.

7
Um den Dampf (Wrasen) länger im Ofen zu halten, liegt das Mundloch gegenüber der nach hinten ansteigenden Backfläche sehr tief.

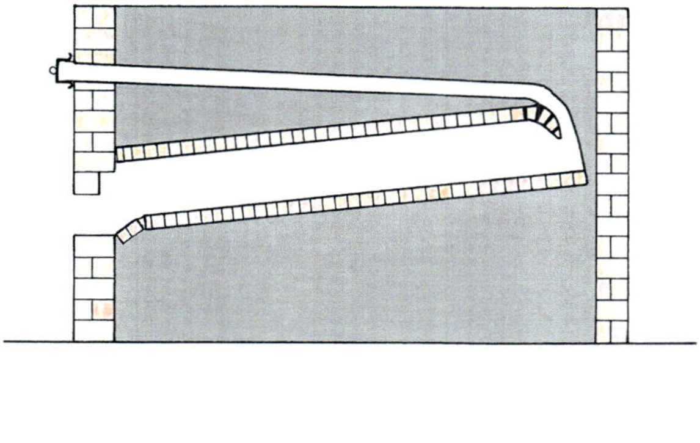

Die wichtigsten Bauvorschriften:

- Das Bauwerk muss zu jeder Grundstücksgrenze mindestens 3 m Abstand wahren.
- Der Schornstein ist mindestens 50 cm über First zu bauen (durch Behördenauflage kann ein höherer Schornstein vorgeschrieben werden).

In Abb. 8 ist schematisch gezeigt, was eine Bauzeichnung zur Vorlage bei der Baubehörde enthalten sollte. Entsprechend des geplanten Bauwerkes muss sie für die Baugenehmigung natürlich noch detailliert bemaßt werden.

Was gibt es noch zu beachten?

Der Standort des Ofens auf dem Grundstück ist frei wählbar, so lange er sich den gesetzlichen Erfordernissen unterordnet. Er sollte klug überlegt sein. Die vor allem beim Anheizen starke Rauchentwicklung soll, möglichst ohne nachbarliche oder eigene Störung, in höhere Luftschichten abgeleitet werden. Dies bedingt, dass der Schornstein des Backofens frei im Luftstrom liegt und der Rauchgasaustritt nicht durch besondere Zug- oder Sogwirkungen bereits bestehender Gebäude wie Wohnhaus oder Garage beeinträchtigt wird (Abb. 9).
Hilfreich ist, die Hauptwindrichtung zu kennen. Angenommen, der Wind bläst meist aus Westen und transportiert die Rauchgase nach Osten weiter. Im Verlauf dieser gedachten Linie des Rauchabzuges sollten sich wenn möglich keine Gebäude befinden.
Die Wind- und damit auch Wetterrichtung beeinflusst noch ein anderes Merkmal des Ofenbaus. Das Mundloch des Ofens soll vorzugsweise an der windabgewandten Seite angeord-

8
So oder ähnlich sollte der Antrag für die Baugenehmigung des Backofens aussehen. Alle Zeichnungen müssen bemaßt sein (hier aus Gründen der Übersichtlichkeit nicht geschehen).

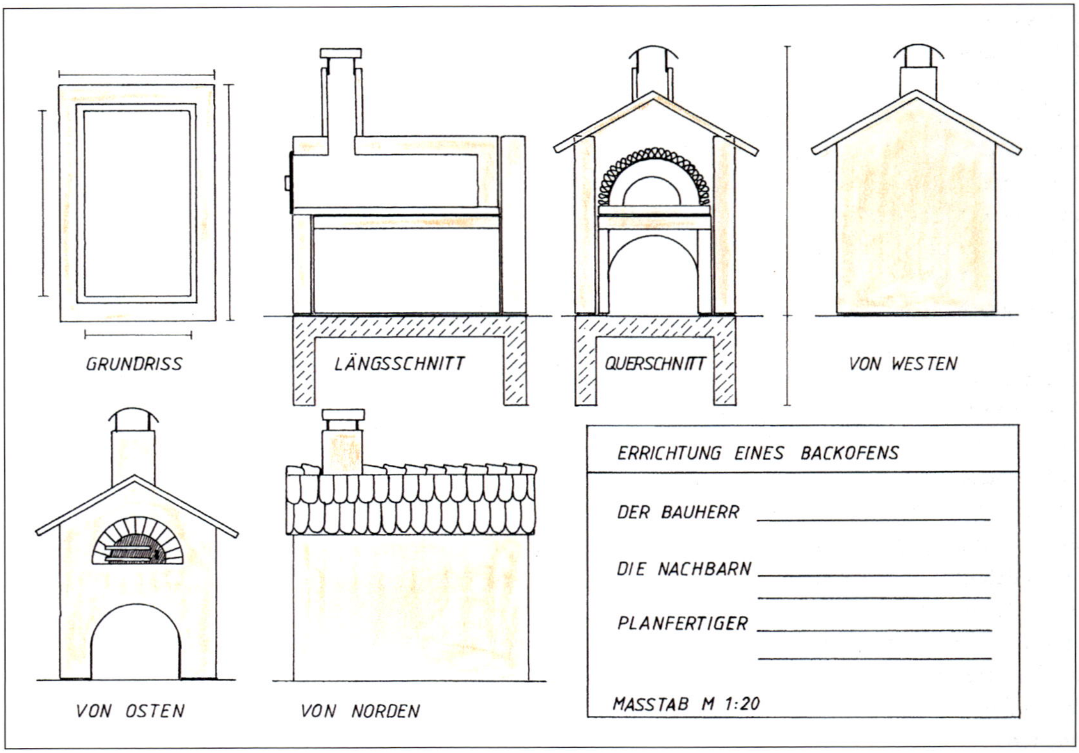

net sein. Die Rückseite des Bauwerks weist dann keine Öffnungen auf und kann daher der Witterung wesentlich besser widerstehen.

Das Fundament

Gemäß den anerkannten Regeln des Bauwesens muss der Ofen auf einem Fundament erbaut werden, das frostfrei auf gewachsenem Boden gegründet ist. Im allgemeinen genügt eine Fundamenttiefe von ca. 80 cm. Es kann z.B. ein Fundamentgraben ausgehoben und dieser mit Stampfbeton gefüllt werden, es ist aber auch möglich, nach Maurerart in einer kleinen Baugrube aus Beton- oder Kalksandsteinen Fundamentmauern hochzuziehen (Abb. 10).
Die auf und zwischen den Fundamentmauern liegende Betonplatte sollte nicht direkt auf dem Erdreich aufliegen. Am einfachsten ist es, eine Schicht aus 10 bis 15 cm Kies dazwischen anzuordnen. Vom weiteren Aufbau hängt es ab, ob die Fundamentplatte armiert werden sollte oder nicht. Stützt sich der Ofen später nur auf eine Ummauerung und bleibt der Boden über der Platte frei, ist eine Armierung nicht erforderlich. Anders, wenn der oben aufsitzende Backofen mit einem massiven Sockel untermauert wird: Wegen der hohen Aufliegelast ist es dann besser, die Platte zu armieren.
Alle Mauern, die später auf dem Fundament errichtet werden, sind mit einer Bitumenpappe zu unterlegen, um aufsteigende Nässe abzuhalten. Die Bitumenpappe wird auf ein dünnes Mörtelbett verlegt und gleich anschließend - wieder in einem Mörtelbett - die erste Steinlage darauf vermauert.

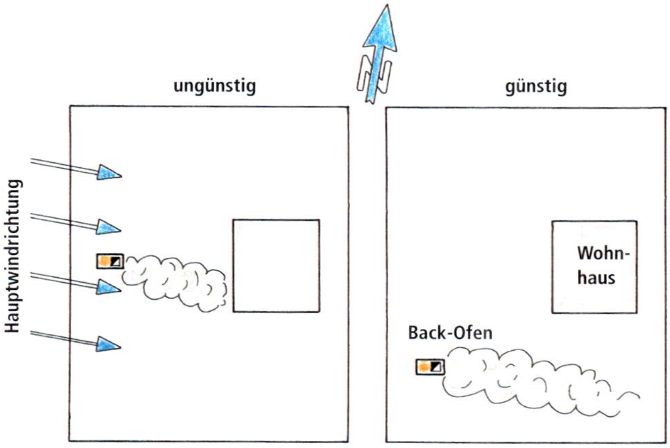

9
Der Standort des Backofens will im eigenen wie auch im Interesse der Nachbarn gut überlegt sein.

Es ist Geschmacksache, ob ein vollkommen massiv gemauerter Baukörper nur mit Ofenöffnung und Schornstein bevorzugt wird, oder beispielsweise ein feingliedriger Ofen auf einem mit Rundbogenöffnung durchbrochenen Sockel. Womit nicht gesagt werden soll, dass es nicht noch andere Lösungen gibt! Die meisten Selbstbauer werden vermutlich kein bloßes Zweckbauwerk errichten wollen, sondern eine auch dem Auge wohlgefällige formale Lösung anstreben.

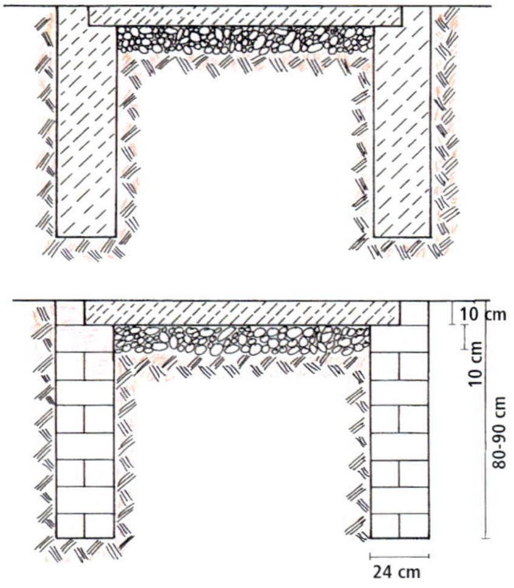

10
Das Fundament kann aus Beton gestampft (oben) oder aus Steinen aufgemauert werden (unten).

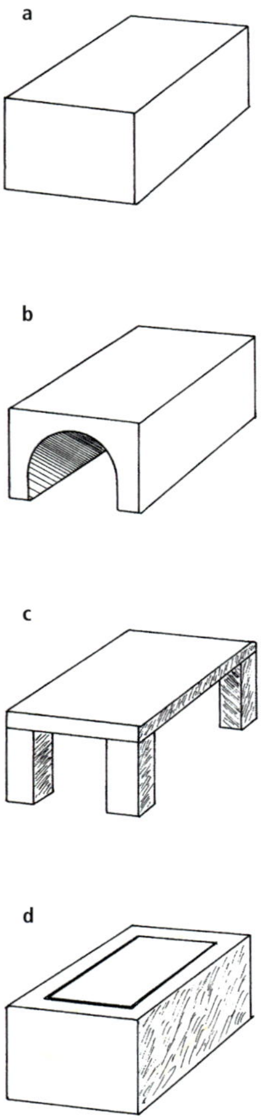

11 Sockeltypen

Der Sockel

Abhängig von der Dimensionierung und der Gestaltung des Bauwerkes ist zu entscheiden, ob der Sockel später den gesamten Ofenoberbau tragen soll, das heißt Ofenummauerung, Dach und Verblendung oder nur den Ofenkörper. Abb. 11 zeigt einige Möglichkeiten.

a Ein massiver Sockel kann aus beliebigen Steinen gemauert werden. Bei der Planung ist zu beachten, ob zu dem Sockelrohbau noch eine Außenverblendung dazukommt, der Sockel verputzt wird oder die Aussenseite des Sockels als Sichtmauerwerk bestehen bleibt. Der Grund: Alle Teile des Unterbaus, d.h. Sockel, Verblendung oder Putz müssen auf einem Fundament stehen, das zumindest ebenso groß ist. Es wäre also schlecht, sich während des Bauens zu einer zusätzlichen Außenverblendung mit Klinkern zu entschließen, denn dann könnte es passieren, dass diese Steinschicht quasi „in der Luft hängen" müsste.

b Der einteilige Sockel wird aus armiertem Beton mit Hilfe von Schalungsbrettern gebaut. Der in der Zeichnung durchgängige Rundbogen wird mit einer Rundbogenschalung ausgespart.

c Wohl die einfachste Variante dürfte die auf vier Pfeiler gelegte, armierte Betonplatte sein. Die Pfeiler können aus Beton-, Kalksand- oder Gasbetonstein oder Ähnlichem gebaut werden. Es bietet sich an, die Pfeiler samt Betonplatte zu verputzen.

d Massiver Innensockel mit einer Außenverblendung (Vormauerung) aus Klinkern, Natursteinen oder großen Kieseln. Zwischen Sockel und Verblendung sollte eine Luftschicht von mindestens 1 cm angeordnet werden, damit die beiden Bauteile sich unabhängig voneinander bewegen können.

Die Backofenkuppel

Zentrales Element des Bauwerks ist die Backofenkuppel. Zwar wäre es prinzipiell möglich, einen Backraum in aus ebenen Platten in quadratischer oder rechteckiger Form zu bauen, dies hätte jedoch gravierende Nachteile. Die fünf Ofenwände (die Vorderwand mit dem Mundloch bleibt außer Betracht) könnten sich aufheizen, bei den rechtwinkligen Ecken wäre dies jedoch nur in viel geringerem Maß der Fall, da die Wärme von den an diesen Stellen stärkeren Wandpartien auch stärker absorbiert würde. Die Folge: ungleichmäßig heiße Ofenwände; durch die Temperaturdifferenzen entstünden Spannungen im Material, die schließlich zu Rissen führen.
Die Idealform eines Backofens wäre eine Kugel, die in jedem Teil der Wand annähernd die gleiche Temperatur aufweist. Diese Ofenform hätte

12
Die Backraumform (1) wäre sehr leicht zu bauen, hat aber erhebliche wärmetechnische Nachteile. Die Idealform (2) ist nicht baubar und kann ebensowenig bedient werden. Aus beiden Formen hat sich die „Brotlaibform" (3) als Kompromiss entwickelt.

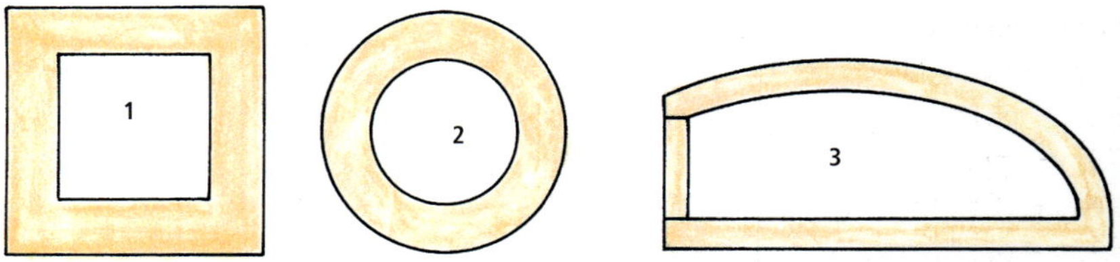

aber große bauliche wie betriebstechnische Nachteile. Wie so oft, liegt das Realisierbare im Kompromiss, in der Mitte zwischen beiden Bauformen: Der Boden ist aus praktischen Gründen eben und die Wände sind als Rundkuppel- oder Tonnenform der Kugel angenähert (Abb. 12).

Backraumgewölbe aus Lehm

Der erste Vorschlag für die Ausbildung des Backraumes orientiert sich an historischen Vorbildern. Es stellt zugleich die einfachste und preisgünstigste Lösung dar (Abb. 13): Über einer Platte aus gestampftem Lehm oder Schamotte wölbt sich eine Lehmkuppel (4). Ihr Inneres bildet den Backraum. Diese Lehmlage wird nach außen durch eine Schicht armiertes Isolationsmaterial wärmegedämmt (6). Als äußerer Abschluss dient eine armierte Lage aus Kalkzementputz, Beton oder wieder Lehm (7). Jede der Schichten ist etwa 6 cm stark.

Liebhaber dieser einfachen Bauform sollten wissen, dass die Lehmkuppel des öfteren einer kleinen Nachbesserung bedarf: Vor allem in der ersten Zeit bilden sich beim Betrieb Schwindrisse, die mit dem gleichen Material nachverfugt werden müssen. Die Lehmkuppel wird über einem Sandhaufen errichtet. Dazu wird auf einer Schamotteplatte (oder dem gestampften Lehmboden) ein feuchter Sandhaufen so geformt, dass er den Umrissen eines Brotlaibes möglichst nahe kommt. Die Öffnung des späteren Mundlochs wird dabei mit einer Türattrappe aus Styropor festgelegt. Auf den Sandberg, der durch Klopfen mit der Hand ein wenig verdichtet wurde, wird Lehm, Schamottemörtel oder Feuerbeton (Bezeichnung für Schamottemörtel mit hohem Festkörperanteil) aufgetragen. Je weniger Anmachwasser dem Lehm bzw. dem Mörtel beigemischt wird, desto geringer werden später die Schwindrisse sein. Das Material sollte so fest sein, dass es sich gerade noch verarbeiten lässt. Diese Schicht sollte ungefähr 6 cm stark sein und etwa 24 Stunden in freier Luft trocknen können. Am nächsten Tag werden die ersten Schwindrisse mit dem Daumen wieder zugestrichen und anschließend die Wärmedämmschicht aufgetragen. Der dazu am besten geeignete Isoliermörtel ist aus dem Schornsteinbau/-sanierung bekannt. Er wird mit wenig Wasser angemischt und sozusagen erdfeucht in etwa 3 cm Stärke auf die Lehmschicht aufgebracht. Als Armierung ist „Vogeldraht“ mit allseitig verbundenen Kreuzungspunkten und etwa 1 cm^2 großen Freiflächen gut geeignet. Er ist im Vergleich zu dem etwas preisgünstigeren „Hasendraht“ wesentlich stabiler. Das Geflecht wird

13
Backkuppel aus Lehm
1 Grundplatte (Schamotte oder ebenfalls Lehm),
2 seitliche Stützlager,
3 Backraum,
4 Innenschale aus Lehm,
5 Armierung,
6 Schornsteinisoliermasse,
7 Deckschale aus Lehm (wenn der Ofen überdacht wird) oder Beton

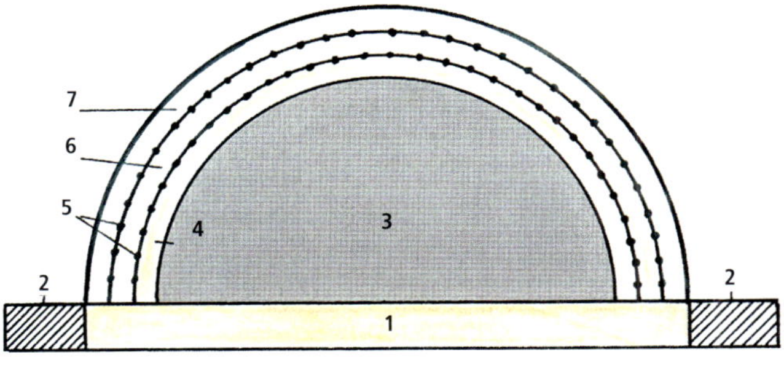

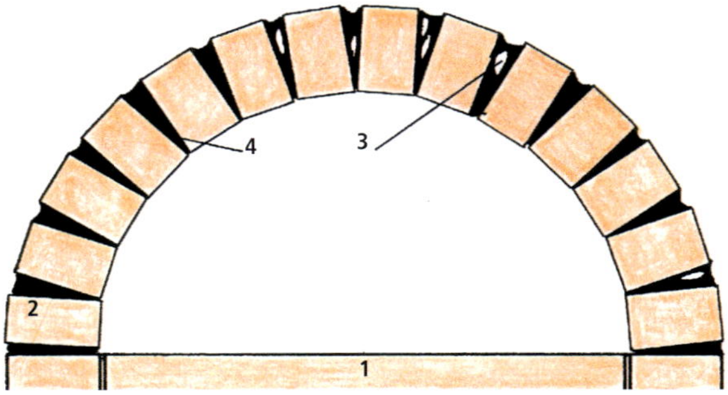

14
Gewölbe aus Schamotte-NF-Steinen:
1 Grundplatte,
2 Gewölbemauerung,
3 Zwickersteine,
4 Schamottemörtelfugen.

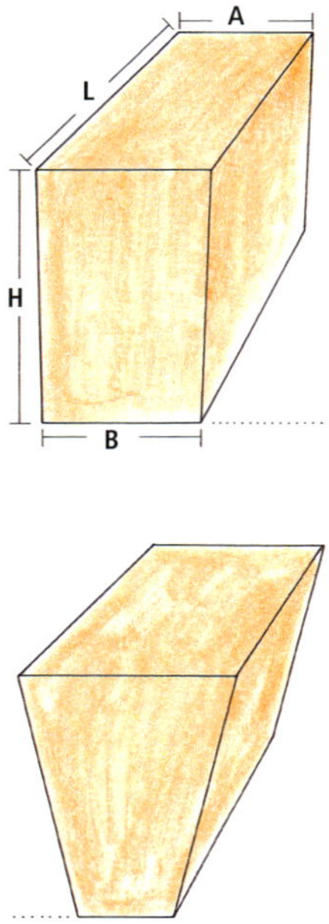

15
Für den Bau von Gewölben stellt die Steinindustrie Halbwölber in diversen Abmessungen her. Das Maßverhältnis A:B variiert und bestimmt den Radius des Gewölbebogens.

mit der Draht- oder Blechschere so zugeschnitten, bis es sich etwa der Kuppelform angepasst hat. Über diese Armierung wird die zweite Lage Isoliermörtel verstrichen und leicht verdichtet. Wird der Ofen nicht mit einem Dach überdeckt oder anders vor Witterung geschützt, muss als äußere Schicht eine Lage Beton oder anderes wasserundurchlässiges Material aufgebracht werden. Bei überdachten Öfen genügt als Abschluss eine 6 bis 10 cm starke Lehmschicht.
Nach einigen Tagen ist die Kuppel so weit getrocknet, dass die Styroportür vorsichtig entfernt und der Sand aus dem Backraum geschaufelt werden kann. Ein bis zwei Tage später lassen sich noch am Lehm haftende Sandreste mühelos mit einem Besen abfegen.

Gemauertes Backraumgewölbe

Statt eine Kuppel aus Lehm zu bauen, kann das Gewölbe des Backraumes auch mit Schamottesteinen gemauert werden. Dazu wird ein Backraum-Boden aus Schamotteplatte oder aus Schamotte-NF-Steinen (billiger) hergestellt, dessen äußere Abmessung der Grundfläche des Backraumes entspricht. Bei der Materialwahl für den Kuppelbau gibt es 2 Möglichkeiten:

Werden für das Gewölbe NF-Steine verwendet, bleiben zwischen den Steinen relativ große Schamottemörtelfugen stehen (Abb. 14). Für Gewölbe gibt es im Handel aber auch sogenannte Halbwölber zu kaufen (Abb. 15). Das Maß A entspricht dem der NF-Steine, das Maß B kann aus einer Reihe von Größen gewählt werden. Sinn der Sache ist, durch die nebeneinander liegenden Halbwölber schmale Fugen zu erreichen, da das Maßverhältnis A:B immer einen bestimmten Kreisradius ergibt. Abb. 16 zeigt einen solchen Rundbogen aus Halbwölbern. Das Schamottesteingewölbe kann auch über einer Sandform hergestellt werden. Normalerweise wird aber über eine Gewölbeform gemauert (Abb. 17). Aus Gründen der Stabilität sollten die einzelnen Gewölbebögen um jeweils einen halben Stein versetzt gemauert werden (Abb. 18). Jede Fuge trifft dann auf einen Stein und umgekehrt.
Der hintere Abschluss des Backraumes lässt sich mit Schamottesteinen nur unter hohem Aufwand als Wölbung ausbilden, so dass eine senkrechte Rückwand aus NF-Steinen empfohlen wird, die der Stabilität wegen am besten in das Gewölbe eingepasst wird (Abb. 19).
Wie schon erwähnt, ist die Form eines Brotlaibes für den Backraum am günstigsten, wobei die Oberkante des Mundlochs etwa 10 bis 20 cm tiefer liegen sollte als der höchste Punkt des Backraumes. Diese Idealform lässt sich in den Dimensionen von Freizeitbacköfen leider nur unter großem Bauaufwand verwirklichen. Im Regelfall wird daher ein höhengleiches Gewölbe gebaut oder die vorderste Gewölbereihe niedriger gesetzt (siehe Abb. 27).

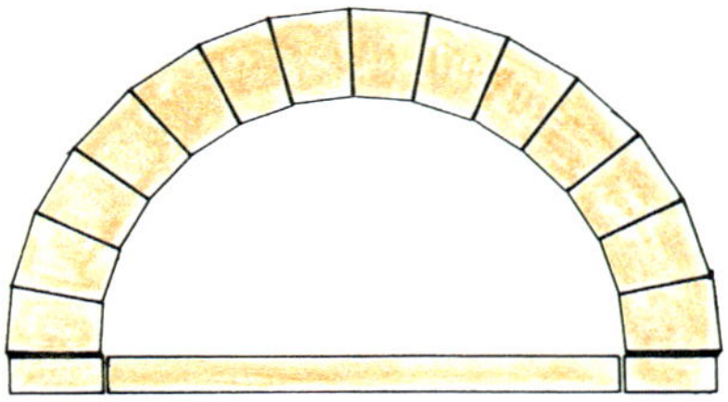

16 Ein Gewölbe aus Halbwölbern.

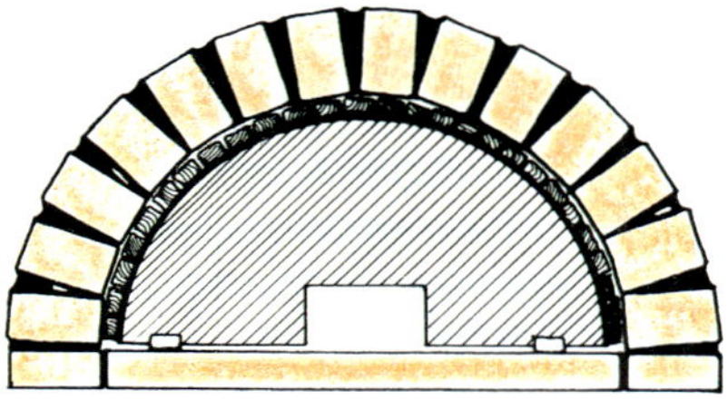

17
Über zwei halbkreisförmig (oder segmentbogenförmig) geschnittene Schablonen aus Holzplatten mit Grifflöchern werden Dachlatten genagelt. Die Gewölbeschablone wird auf Keile gestellt. Nach dem Aufmauern des Gewölbes kann die Schablone herausgezogen werden, indem man die Keile entfernt.

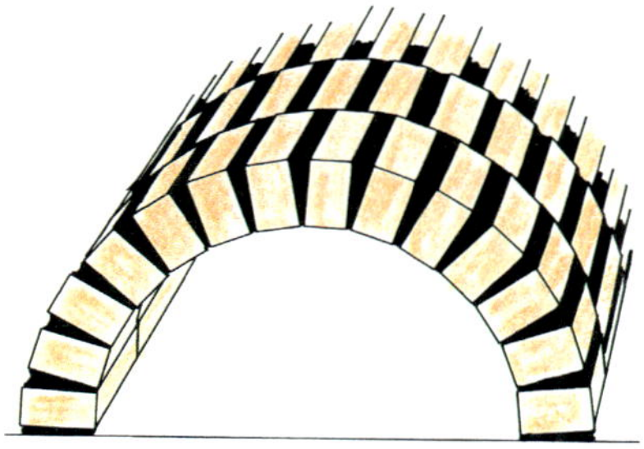

18
Mit um einen halben Stein zueinander versetzten Gewölbebögen wird eine noch größere Stabilität erreicht.

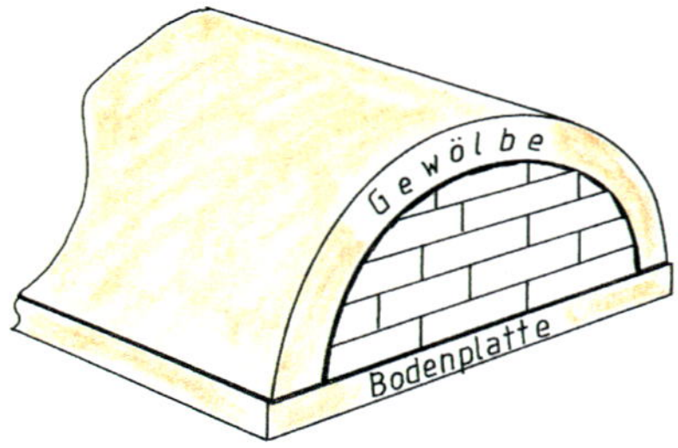

19
Die Rückwand wird in das Gewölbe eingepasst.

Größe des Backraums

Sie richtet sich vornehmlich nach der gewünschten Backkapazität des Ofens. Professionelle Anbieter schlagen nutzbare Backraumbreiten zwischen 50 bis 80 cm und Längen von 80 bis 150 cm vor. Die Größe der eingesetzten Materialien kann als Grundmaß betrachtet und der Backraumbau danach ausgerichtet werden. Nebenbei bemerkt: Die Dimensionierung des Backraumes ist für alle weiteren Gewerke maßgebend, daher sollten seine Maße als erstes berechnet werden.

Der Backraumverschluss

Einzige Aufgabe einer Backraumtür ist der Verschluss des Mundloches nach dem Abbrand und während des Backvorganges. Früher waren durchaus auch Türen aus Eichenholz üblich, die allerdings nur dann benutzt werden durften, wenn der Backraum keine glühenden Teile mehr enthielt. Unproblematischer ist eine Vorhängetür aus einfachem Blech, die bei Bedarf vor das Mundloch gehängt und mit Haken gesichert wird oder in Scharnieren sitzt. Neben diesen einfachen Lösungen sind aber auch selbstgebaute Türen z.B. aus Beton oder Schamotte möglich.

Betontür

Aus Styropor werden Formteile geschnitten, die der späteren Türgröße entsprechen. Die Tür sollte wenigstens 6 cm stark sein. Die übrigbleibende Negativform (in Abb. 20 links) wird später, wenn die Maßhaltigkeit

20
Styroporform für die Backraumtür. Links die Positivform, die als Platzhalter dienen kann, und rechts die Negativform, die, wenn alles passt, mit Beton gefüllt wird.

am aufgebauten Backraum geprüft ist, als Schalung für den Beton hergenommen. Zunächst werden alle Ecken und Kanten mit kleineren Mengen Beton am besten per Hand ausfüllt. Nun wird die Form etwa halb mit Beton gefüllt und zur Armierung Drahtgeflecht und ein passender Türgriff eingelegt. Danach wird die Form bis zum Rand verfüllt und der Beton glattgestrichen. Prinzipiell könnten auch schon runde Holzstabreste an der Stelle in den Beton gedrückt werden, wo später die Schlossbänder mit Dübeln befestigt werden. Vom Eindrücken der Dübel ist abzuraten, da der weiche Beton in den Dübel dringen und diesen unbrauchbar machen könnte.

Als weitere Lösung bietet sich an, die dem Backraum zugewandte Tür aus zugeschnittenen Schamotteplatten auszubilden. Die Platten sollten allerdings mittels Drahtankern mit dem Beton verklammert werden, da Schamotte nicht gut auf Beton abbindet.

In diesem Fall kann gewöhnlicher Beton verwenden werden, da der Backraum bei normaler Befeuerung nicht über 400°C heiß wird (Materialtemperatur).

Um Auskühlungsverluste zu vermindern, sollte auf jeden Fall ein Türfalz vorgesehen werden (mögliche Ausbildung siehe die Styroporform, Abb. 20). damit die Tür möglichst dicht schließt.

Tür aus Eisenrahmen

Aus U-Eisen wird ein Rahmen geschweißt, dessen Außenmaße etwas größer als die Mundlochöffnung sind (Abb. 21, Detail 1). Die mit U-Eisen nicht herstellbaren Rund- oder Segmentbogenformen werden mit gebogenem Bandeisen gefertigt (3). Vor dem Einschweißen des oberen Rahmenteils werden Schamotteplatten in den Rahmen (4) eingelegt. Als äußerer Abschluss dient ein bündig aufgeschweißtes Blech (2). Für die Konstruktion eines (in der Zeichnung gestrichelten) Türfalzes gibt es mehrere Möglichkeiten, beispielsweise können am Falz ausgefräste NF-Steine als Füllung verwendet werden.

In Abb. 22 ist eine weitere Bauform des Mundloches zu sehen, für den, der es lieber eckig mag. Der gemauerte Sturz wird in alter Handwerkstradition durch leicht schräg gestellte Klinkersteine hergestellt. Diese Kon-

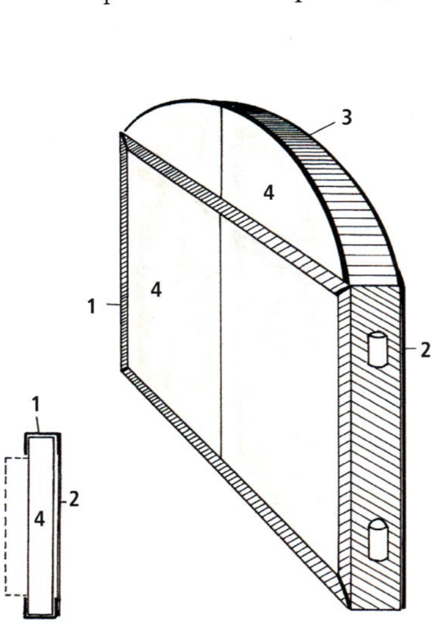

21
Ausführungsbeispiel einer aus U-Eisen geschweißten Tür:
1 U-Eisen,
2 Blechplatte als Front,
3 Bandeisen,
4 Schamottefutterplatten.

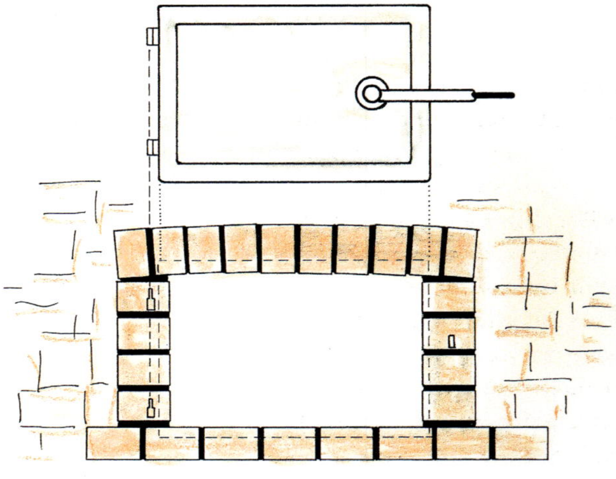

22 Eine andere Möglichkeit, das Mundloch zu errichten.

struktion ist sehr haltbar, wenn die seitlichen Stützlager in den Mauern stabil genug sind. Die erforderliche Mundlochtür ist in diesem Fall einfacher zu fertigen, da sie sich dem fast rechteckigen Mundloch anpasst.
Die Türhalterung ist recht unkompliziert herzustellen. Entweder wird die Tür nur an das Mundloch angelehnt und mit einem oder zwei Haken gesichert, oder man nimmt die Mehrarbeit auf sich und baut eine richtige Scharnierhalterung. Kunststoffdübel sollten für die Befestigung der Türhalterung nicht eingesetzt werden, sie würden die Hitze nicht lange vertragen. Geeignet sind Messingdübel mit Maschineninnengewinde, die auch in Betonteilen als zugsichere Anker verwendet werden. Eine Backofentür aus Beton oder mit Schamotte gefüllt bringt einiges an Gewicht auf die Waage, so dass mindestens 10 mm-Dübel zu empfehlen sind. Die Dübel sollten im Vollstein sitzen und nicht in der Fuge. Da der Backraum zuerst gebaut wird und die Tür nach dessen Maßen, ist es leicht, die Türbänder entsprechend anzusetzen.

Isolierung des Backraumes

Es ist Aufgabe des Backraumes, möglichst lange eine bestimmte Temperatur zu halten. Ohne Wärmedämmung würde das Lehm- oder Schamottegewölbe allerdings schnell an Temperatur verlieren. Also muss der Backraum isoliert werden.
Eine einfache Lösung bietet Steinwolle. Sie ist preiswert, hochhitzebeständig bzw. unbrennbar und einfach zu verlegen. Zu beachten ist, dass bei alukaschierter Steinwolle die Aluminiumfolie nach außen und nicht auf der dem Backraumgewölbe zugewandten Seite verlegt wird. Unter dem Backraum wird nicht wärmegedämmt (Abb. 24 und 25). Es wäre allerdings denkbar, als oberer Sockelabschluss eine Schicht Gasbetonsteine zu vermauern, die durch ihren guten Wärmedurchlasswiderstand die Wärmeabstrahlung nach unten zusätzlich vermindert.
Wird der eigentliche Backofen nicht überbaut, sondern die 10 bis 12 cm starke Mineralwolle-Isolierung direkt mit einer Betonkappe oder Steinkuppel überdeckt, gilt es zu beachten, dass die Wärmedämmschicht ihre Aufgabe nur dann in vollem Maße erfüllen kann, wenn sie ihre Luftpolster beibehält. Der direkte Auftrag einer (schweren) Betonkuppel würde das Material zusammendrücken und den Dämmeffekt stark vermindern. Vor der äußeren Verblendung muss also durch bauliche Maßnahmen, beispielsweise durch eine steife Armierung über der Mineralwollschicht,

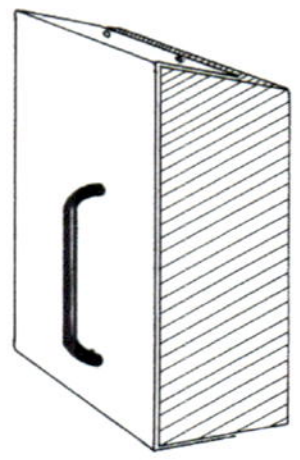

23
Wohl die einfachste Art, eine gut isolierte Backraumtür zu bauen. Aus Eisenblech wird eine Wanne gebogen, deren Seitenteile nach dem Einpassen in das Mundloch in die gezeigte Form abgekantet werden und einen Schamottefutterstein (oder -platte) umschließen.

24
Auf dem Sockel ruht der mit Isolierwolle ummantelte Backraum. Die Ummauerung stützt das Dach.

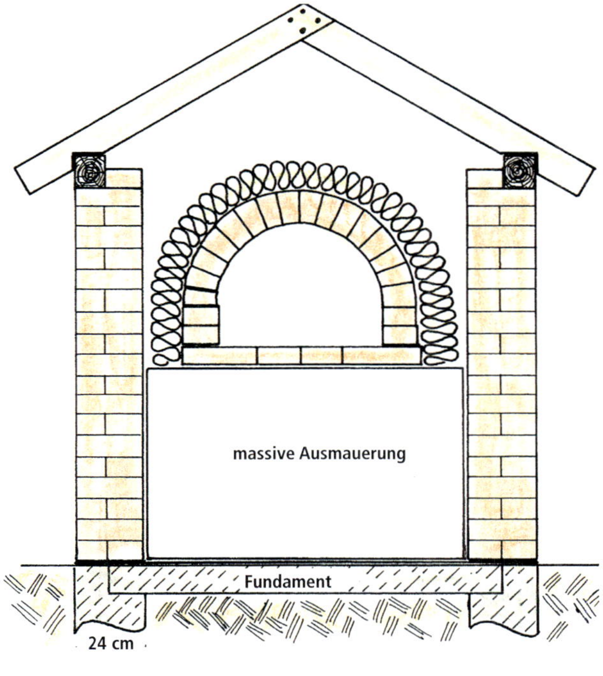

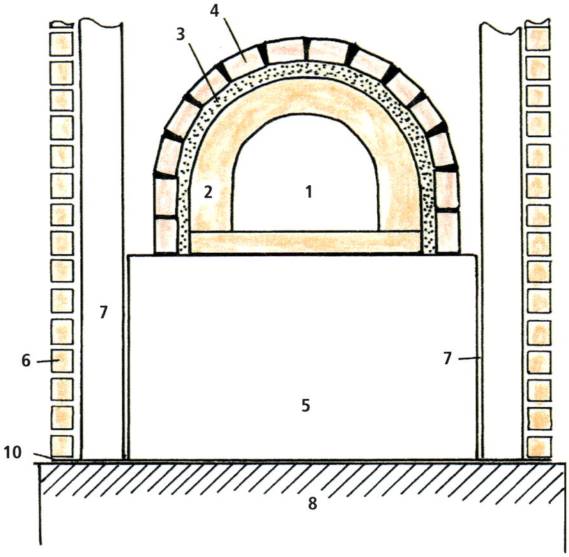

25
Der Backraum besteht aus drei Schalen: Innen das Schamottesteingewölbe, anschließend Isoliermörtel und außen eine Verkleidung aus beliebigen Steinen.

1 Backraum,
2 Schamottensteingewölbe,
3 Schornstein-Isoliermörtel,
4 Verkleidung aus Steinen,
5 Sockel (massiv oder hohl),
6 Verblendung,
7 Innenmauer (Umhausung des Ofens),
8 Fundament,
9 Dehnfuge,
10 Isolierfolie

sichergestellt werden, dass diese nicht verdichtet wird.
Abb. 25 zeigt einen Backofen, dessen Backraum (1) aus 2 Gewölben gebildet wird, einem inneren aus Schamotte (2) und einem äußeren aus Klinkern oder ähnlichem Material (4). Dazwischen befindet sich eine 6 cm starke Wärmedämmschicht aus Schornsteinisoliermörtel (3). Dieser wird erdfeucht auf das Backraumgewölbe aufgetragen. Hier muss die Dämmschicht nicht unbedingt armiert werden, und nach einer Abbindezeit von einem Tag kann die Abschlussmauerung erfolgen.
Wird später ein Dach darüber gebaut, genügen als äußere Schicht einfache Ziegelsteine.

26
Dieser dreischalige Backofen ist komplett mit Natursteinen verkleidet. Auf die Mixtur des Fugenmörtels muss besondere Sorgfalt verwandt werden.

27 *unten*
Einfachste Lösung, das Mundloch tiefer als den Scheitel des Backraums zu setzen. Zu diesem Zweck wird vor das Backraumgewölbe noch ein Gewölbering mit kleinerem Radius gemauert. Zwischen diesem Gewölbe und dem von außen sichtbaren Klinkergewölbe (Beispiel) sollte eine Dehnungsfuge angeordnet sein. Am besten wird feuerfeste Keramikschnur verwendet, die allerdings vollflächig von Schamottemörtel umgeben sein muss.

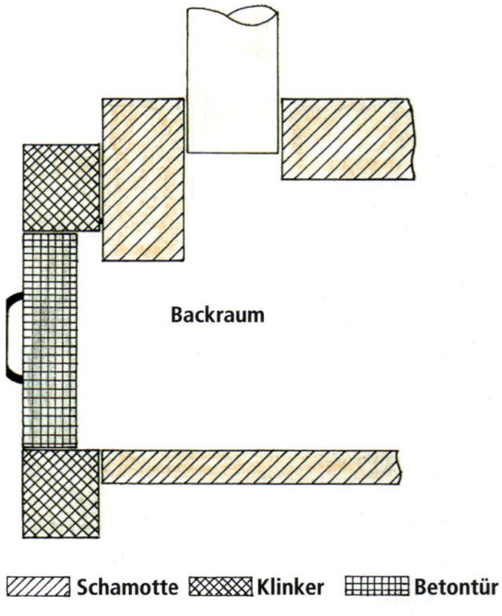

Abb. 26 zeigt einen Backofen, den als äußere Schicht eine schöne, sehr natürlich wirkende Natursteinverblendung aus Sandsteinfindlingen, Basalt, Kalksandsteinen, Grobkies, Juramarmor und Ähnlichem umgibt. Die Wärmedämmschicht zwischen Backraum und Hülle besteht auch hier aus Schornsteinisoliermörtel, der von einer 2 bis 3 cm starken Lage Kalkzementmörtel abgedeckt wird. Nachdem die Mörtellage etwa zwei Tage getrocknet ist, kann die Steinhülle aufgebracht werden. Es ist zu empfehlen, die Steine mit Trass-Mörtel aufzumauern. Sowohl beim Verlegen der Steine, wie beim späteren Betrieb und durch mannigfaltige Witterungseinflüsse können zwischen Mörtelgefüge und Steinen kleine Risse entstehen. Dies ist besonders im oberen flachen Teil ärgerlich, da Wasser in die Isolierschicht eindringen und sowohl diese als auch den Backraum schädigen kann. Im Extremfall wird die Steinhülle durch Auffrieren gesprengt, und es entstehen große Risse. All das lässt sich weitgehend vermeiden, wenn mit Trass-Mörtel gearbeitet wird.

Die Hüllfläche

Ob die Hüllfläche des Backofens tragend oder nicht tragend ausgebildet sein soll, wurde bereits beim Sockelbau entschieden. Grundsätzlich gibt es folgende Möglichkeiten:

- Der Backraum wird in ein massives, allseitig gemauertes und verputztes Backofenhäuschen installiert. Material für das Mauerwerk: Kalksandstein, Ziegel- oder Gasbetonsteine. Um aus dem Erdreich eindringende Feuchtigkeit abzuhalten, sollte zwischen Fundament und aufsteigendem Mauerwerk immer eine Bitumenpappe liegen.
- Der Backraum bildet mit dem Sockel eine Einheit. Diese wird von einer selbsttragenden Klinkermauer umgeben (siehe Abb. 24), die weder Sockel noch Backofen berührt. Einzige Aufgabe der Klinkermauer ist, das Dach und möglicherweise den Schornstein zu tragen.
- Eine Verkleidung aus Klinker, Spaltklinker oder Handformriemchen, die vom Sockel aus aufsteigt oder mit Dehnungsfuge um den Sockel herum angeordnet ist, hat nur optische Funktion. Damit erhält der Backofen ein etwas strenges, aber sehr gepflegtes Aussehen.
- Backraum und Sockel werden mit Natursteinen verkleidet. Dies wirkt sehr natürlich, lässt gestalterischen Spielraum und gibt doch die Zweckform des Ofens wieder (Abb. 26).

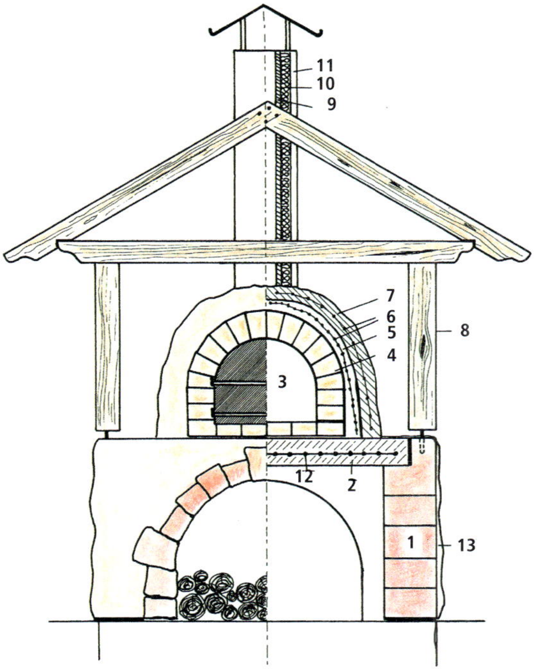

28
Freistehendes Backhaus
1 Sockelmauerwerk
2 Betonplatte,
3 Backraum,
4 Backraumgewölbe,
5 Isoliermörtel,
6 Armierung (dient nur der Versteifung des meist sehr lockeren Isoliermörtels),
7 Beton- oder Steinschale,
8 Holzpfosten,
9 Schornstein-Schamotterohr,
10 Isolierwolle,
11 Schornsteinverkleidung (Blech, Putz etc.),
12 Armierung,
13 Putz des Sockels, homogen mit der Backraumschale

- Abb. 28 zeigt ein Backhäuschen, dessen Erscheinungsbild an flachgeduckte oberbayerische Bauernhöfe erinnert: Auf einem vierseitig gemauerten Sockel mit bogenförmiger Öffnung nach vorn, erhebt sich mittig und etwas zurückversetzt das Backraumgewölbe aus Schamottesteinen auf einer armierten Betonplatte. Der Backraum ist mit einer Lage armierter Schornsteinisoliermasse gedämmt und mit einer ebenfalls armierten Betonschicht abgedeckt. Der Sockel mit der eingelegten Betonplatte ist verputzt und weiß gestrichen. Der Segmentbogen wird durch einen Kranz aus sichtbaren Bruchsteinen optisch hervorgehoben. Die Verblendung des Mundlochs ist entweder aus farblich passenden Klinkern oder ebenfalls aus Bruchsteinen gefertigt. Der Backofen erhält sein würdevolles Aussehen nicht unwesentlich auch durch das auf vier Holzpfosten gelagerte, weit ausladende Dach (Neigung 30°). Der Schornstein ragt mittig aus dem Backraum und endet 50 cm über dem First.

Der Schornstein

29
Das Schornstein-Schamotterohr ist von Isoliermörtel umgeben und in einem Klinkerverband eingebettet.

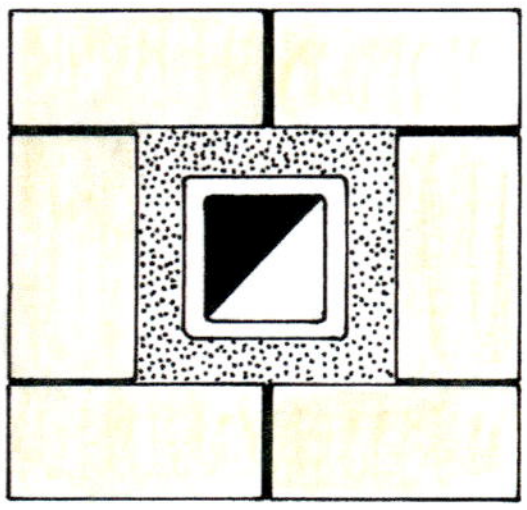

Der Schornstein ist bei den kleinen Backöfen zwar kurz, aber ebenso wichtig wie in Wohnhäusern. Von einem Backofen ohne Schornstein, wie auf einigen historischen Bildern zu erkennen ist, muss abgeraten werden. Er ist nicht mehr zeitgemäß und sicher auch nicht genehmigungsfähig. Für den Betrieb eines Schornsteins gilt die jeweilige „Landesverordnung über die Verhütung von Bränden". Die wichtigsten Bestimmungen darin sind:

1. Der Backraum, die Rauchgaskanäle und der Schornstein müssen einsehbar sein.
2. Wenn über dem Backraum einen Dachstuhl errichtet wird, muss der Hohlraum zwischen Backofen und Dachstuhl ebenfalls einsehbar sein.
3. Alle Zugkanäle und (falls von außen nur schwer zugänglich) der Schornstein müssen eine Kehrbüchse (Putzöffnung) haben.
4. Ist eine Drosselklappe vorhanden, muss die Stellung der Klappe von außen ersichtlich sein. Die Klappe kann ganz dicht schließen, darf aber auch im geschlossenen Zustand etwas locker sitzen.
5. Alle brennbaren Teile, die zum Dachaufbau gehören, wie Dachbalken und Dachlatten, müssen einen Mindestabstand von 5 cm zur Schornsteinwand wahren.
6. Direkt vor, neben oder unter dem Backofen muss eine Lagermöglichkeit für aus dem Backraum zu entfernende, noch glühende Holzkohle bestehen. Sie darf nicht einfach neben dem Ofen abgelegt werden, da bei starkem Wind die Gefahr bestünde, dass Teile der Holzkohle verweht werden und Menschen oder in der Nähe befindliche Gebäude gefährden.

Material für den Schornsteinbau

Übliches Material für Schornsteinköpfe sind hartgebrannte Ziegelsteine, also Klinker. Wegen der speziellen Betriebsweise eines Hobbybackofens ist ein zweischaliger Schornstein mit einem rauchgasführenden Rohr aus Schamotte (Hersteller z.B. Plewa und Schiedel) und einer Ummantelung aus Klinkern vorteilhaft (Abb. 29). Zwischen beiden Schornsteinteilen wird mit Isoliermörtel oder Mineral-

fasern wärmegedämmt. Eine Schornsteinabdeckung (Meidinger Scheibe oder gewölbtes Blechdach) schützt den auch im ausgehärteten Zustand wasserempfindlichen Schamottemörtel und verhindert, dass es in den Backraum hineinregnet.
Diese zweischalige Bauweise wird vom Autor bevorzugt, da die im Hobbybackofen nur kurzzeitig auftretenden hohen Wärmebelastungen vom Schamotterohr problemlos vertragen werden. Die aus Klinkern gemauerte Außenschale wird dabei durch die Temperaturschwankungen nicht belastet, so dass Spannungsrisse vermieden werden können. Ein nur aus Klinker gemauerter Schornstein hätte im Extremfall Temperaturschwankungen zwischen -30°C und über 1000°C auszuhalten.

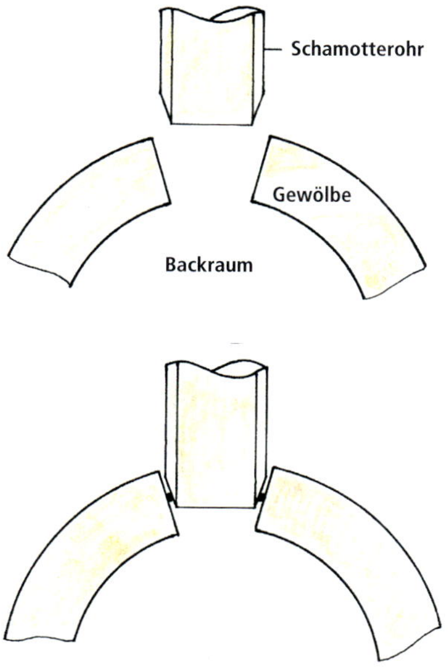

30
Einsetzen des Schamotterohres in das Backraumgewölbe. Das Rohr sollte im oberen bis mittleren Bereich des Gewölbesteins greifen.

Schornsteinanschluss an den Backraum

Für die Einbindung des zweischaligen Schornstein wird der Gewölbebogen des Backraumes oben am vorgesehenen Schornsteinausgang zwei Steine breit ausgespart. Das Schamotterohr wird unten soweit angefast, dass die Fase etwa dem Winkel des Gewölbes entspricht. Gewölbesteine und Rohr werden mit plastischem Schamottemörtel umgeben und eine Glas- oder Keramikfaserschnur umlaufend eingelegt, damit Rohr und Backraumwand nicht dicht aneinander liegen. Der Rest der Fuge wird nach dem lotrechten Einsetzen des Rohres mit steifem Schamottemörtel und Zwickersteinen gefüllt. Nach ein bis zwei Tagen Trocknungszeit wird die Fuge mit Mörtel nachverfüllt, anschließend können die noch fehlenden Rohrteile aufgesetzt werden.

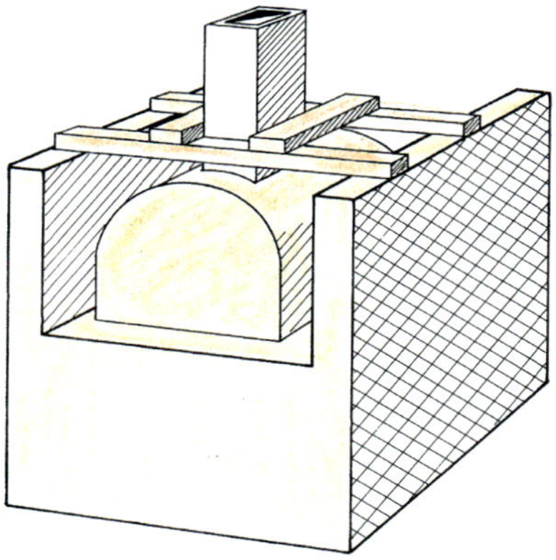

31
Schornsteinklinker dürfen aus Gewichtsgründen nicht auf dem Backraum stehen. Ein einfaches System aus Stürzen bildet eine bessere Grundlage.

Die Schornsteinverkleidung

Wird das Backraumgewölbe nur wärmegedämmt und dann mit einem Dach versehen, sollte die Last der Klinkerummauerung nicht auf das Backraumgewölbe abgetragen werden. Es empfiehlt sich, die Verblendung gesondert zu gründen, beispielsweise auf freitragende, seitlich auf dem Sockel aufliegende Stürze (Abb.

32
Eine einfache Lösung, die auch für kleinere Backöfen sinnvoll ist: Der Schornstein wird mit einem Blech abgesperrt.

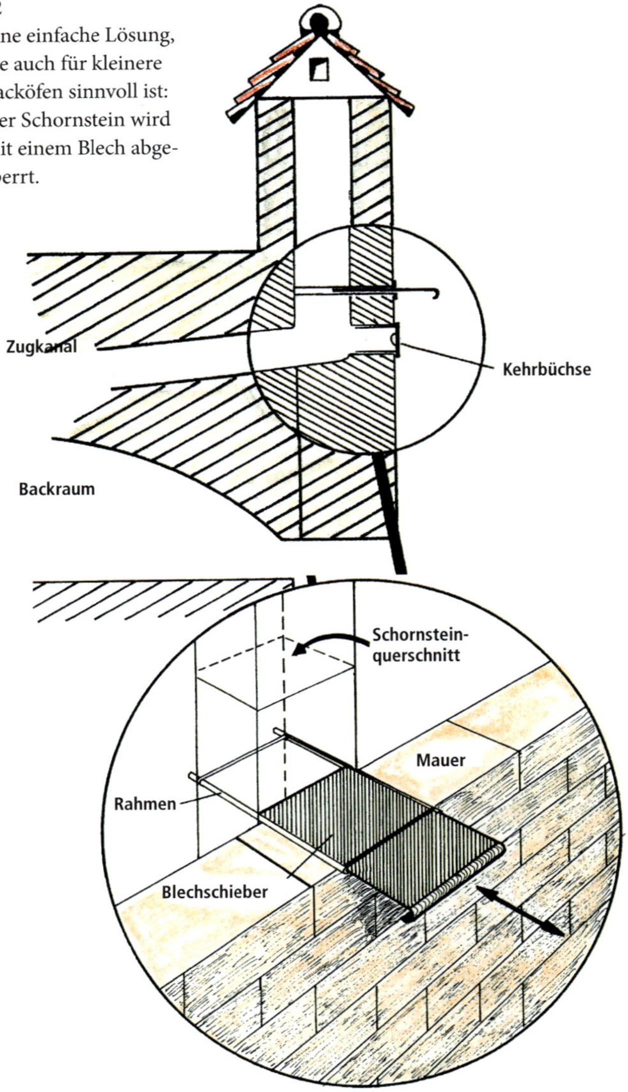

31), wie sie als Fenster- oder Türstürze im Hausbau üblich sind.
Um den Backraum nach dem Abbrand des Holzes zu verschließen und ihn während des Backvorganges nicht auskühlen zu lassen, sollte der Schornsteinaufsatz mit einer Drosselklappe, oder – einfacher – mit einem in Profilen geführten Blechschieber versehen werden, die mit eingemauert werden (Abb. 32). Am einfachsten freilich ist das Abdecken mit einer passend zurechtgeschnittenen Blechplatte, die bei Bedarf oben auf die Schornsteinöffnung gelegt wird.

Das Dach

Das Schutzdach, das den gesamten Ofenbau abdecken soll, wird nach den gleichen Bauprinzipien errichtet wie das Dach eines Hauses (Abb. 33). Eine Abdeckung aus Biberschwanzziegeln wird in den meisten Fällen als besonders schön empfunden. Generell gilt, dass für kleine Dächer eine möglichst kleinteilige Abdeckung gewählt werden sollte. Da Dachziegel aber weitgehend genormt sind, bleibt nur die Wahl, statt der Normalziegel sogenannte Firstziegel zu verwenden. Diese Ziegel sind kürzer und die erforderlichen Deckabstände zwischen den Dachlatten geringer.

33
So könnte eine Backofen-Dachstuhl aussehen.

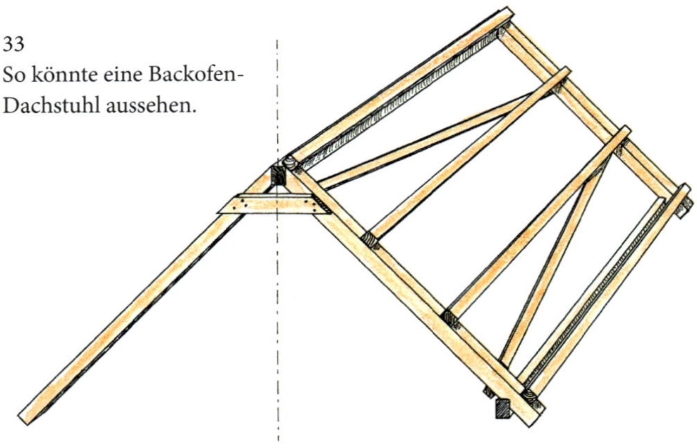

Erstmaliges Anheizen des Backofens

Ebenso wie ein neuer Wagen behutsam eingefahren wird, ist es für den Backofen gut, wenn das frisch gemauerte Bauwerk erst einmal vorsichtig trockengeheizt wird. Dem eingesetzten Schamottemörtel wird dann langsam das Wasser entzogen, und er

kann allmählich trocknen. Wird er gleich zu stark angeheizt, entstehen im Mörtel Dampfblasen, wodurch dessen Festigkeit leidet.
Also wird am ersten Tag nur mit ein wenig Papier und einer Handvoll dünnen Holzes angeheizt, das reicht! Am nächsten Tag dürfen es zwei Handvoll sein. Am dritten Tag ist schon ein kleines Feuerchen mit einigen Scheiben Holz gestattet. Durch diese tägliche Steigerung bis zum fünften Tag wird der Ofen allmählich eingebrannt. Nach einer Woche ist er für den ersten Backtest bereit.
Jetzt wird es ernst: Im Backraum wird ein wenig trockenes Spanholz ausgelegt und Holzscheite, Bruchholz oder andere unbehandelte Holzreste (also keine Spanplatten- oder Sperrholzplattenreste!) darüber geschichtet. Bei offener Backraumtür brennt das Feuer ab. Das Brenngut wird über den gesamten Backraumboden verteilt, um alle Steine gut zu durchwärmen. Nach etwa zwei bis drei Stunden (je nach Dicke der Gewölbemauerung auch etwas früher oder später) wird mit einem Blick von unten auf das Backraumgewölbe geprüft, ob es noch verrußt ist oder ob die Steine hell und belagfrei sind. Ist dieser Zustand erreicht, geht es folgendermaßen weiter:

1 Ausräumen der Glut und Lagern in einem nicht brennbarem Behälter,
2 Schornstein oder Zugkanal verschließen,
3 Backraumboden reinigen. Am besten geht dies mit einem festen Strohbesen oder mit einem feuchten Tuch, das um einen Schrubber (keine Kunststoffborsten!) gewunden ist.
4 Der gereinigte Ofen darf nun einige Minuten „abstehen“, damit sich die Hitze gleichmäßig verteilen kann.
5 Brotback-Laien sollten – um Enttäuschungen zu vermeiden – anfangs ein Backofenthermometer verwenden. Es wird einfach in den Backraum gestellt und nach einigen Minuten abgelesen. Vornehmere Backöfen haben es fest in der Tür eingebaut. Da man aber durch Erfahrung normalerweise am klügsten wird, ist es sinnvoll, es einfach selbst auszuprobieren.

Die Erfahrung wird auch zeigen, ob der jeweilige Ofen geeignet ist, mehrere Backgänge nacheinander zu bewältigen. Es ist gewöhnlich sehr vorteilhaft, wenn beispielsweise im ersten Backgang das Brot für die kommende Woche und, sofort anschließend, der Sonntagskuchen gebacken werden kann.
Übrigens war es ein notwendiger Brauch in Dorfgemeinschaften, die einen Gemeinschaftsofen zusammen betrieben, die Reihenfolge beim Backen auszulosen. Um den hochgeheizten Ofen richtig auszunutzen, wurden bis zu fünf Backgänge nacheinander abgehalten. Je mehr der Ofen auskühlte, um so fraglicher war naturgemäß das gute Backergebnis der nächsten Brotteige.

Was kann ein Backofen noch?

Er ist ein vielseitiger Geselle: Bisher wurde nur vom ausgeräumten Backofen ausgegangen, das heißt die Glut wurde entfernt. Um Pizza zu bereiten, Fleisch oder Äpfel zu braten, wird die Glut im Ofen belassen und in einer Ecke zusammengeschoben. Natürlich kann auch Brot im „Glutofen“ gebacken werden. Da die Gefahr besteht, dass die der Glut zugewandte Teigseite verbrennt, ist es sinnvoll, zwischen Glut und Teig einen Ziegelstein oder eine Schamotteplatte zu legen. Selbst wenn der Ofen nach einigen Stunden auf 90 bis 120°C abgekühlt ist, können noch Früchte, Pilze oder Kräuter in ihm getrocknet werden.

Hier zwei beliebte Backrezepte:

Gewirztes Steynbrodt

Ein kräftig gewürztes Fladenbrot aus der Backstube des Klosters zu Würzburg, dem Entstehungsort des ältesten deutschsprachigen Kochbuchs. Das Rezept reicht für fünf bis sechs kleine Fladen.

Zutaten

300 g Roggenmehl
200 g Weizenmehl
125 g Sauerteig (vom Bäcker)
1/4 l lauwarmes Wasser (30°C)
1 EL Salz
5 g Thymian
5 g Kümmel
5 g Koriander
1 kleine Zwiebel
1 TL Butter
Mehl zum Bestreuen
Fett für das Backblech

Das Mehl in eine Backschüssel geben, in der Mitte eine Vertiefung eindrücken und den Sauerteig zugeben. Mit dem Sauerteig, etwas Wasser und etwa einem Drittel des Mehles einen nicht zu festen Vorteig bereiten. Eine halbe Stunde ruhen lassen. Salz, die Gewürze und die kleingeschnittene, in der Butter angebräunte Zwiebel zugeben. Langsam das restliche Wasser zugießen und den Teig kräftig durchkneten, bis er sich von der Schüssel löst. Nun zugedeckt mit einem Tuch an einem warmen Ort bei etwa 30°C zwei Stunden gehen lassen. Den Teig nochmals energisch durchkneten und in fünf bis sechs gleich große Stücke mit der Hand teilen. Runde Ballen formen und mit der Hand zu Fladen flach drücken.

Die Fladen auf das gefettete Backblech legen, mit einer Gabel mehrmals einstechen und mit Mehl bestäuben. Im vorgeheizten Backofen bei etwa 225°C 1 bis 1, 5 Stunden backen.

Kirschenmännle

Diese fränkische Spezialität ist - obwohl eine Süßspeise - so sättigend, dass sie oft als Hauptgericht gegessen wird. Eine ideale Ergänzung ist ein guter Kaffee.

Zutaten

1 kg Brot (weiß, gemischt oder schwarz)
zweimal 1/4 l Milch
3 bis 4 Eier
100 g Zucker
eine Prise Zimt
eine Prise Salz
abgeriebene Schale einer Zitrone
50 g Butter
1 1/2 kg Kirschen (süß oder sauer)
Zucker und Zimt zum Bestreuen

Das Brot in 1/4 l warmer Milch gut einweichen, anschließend ausdrücken und in eine große Schüssel geben. Die Eier mit dem anderen 1/4 l Milch verrühren, Zucker, Zimt, Salz und Zitronenschale zugeben und alles mit der Brotmasse vermengen, ebenso die zerlassene Butter. Nun die entsteinten Kirschen daruntergeben und die Masse in eine gut gebuttete Auflaufform füllen. Bei mittlerer Hitze (200°C) 40 bis 50 Minuten backen. Zum Schluss nach Belieben mit Zucker und Zimt bestreuen und mit Butterflöckchen belegen. Richtig zubereitete Kirschenmännle sind innen saftig und außen knusprig. Als „Beilage“ zu dieser Süßspeise passt sehr gut Vanillesauce.

Der Wendelsteiner Gemeindebackofen

Zum Abschluss soll ein historischer Backofen beschrieben werden, der einen Eindruck von der Größe und Stattlichkeit früherer Backöfen vermittelt.
Der in den Abb. 34 bis 36 gezeigte Backofen hat sein Fortbestehen nach dem Abbruch im Jahre 1976 der Initiative des örtlichen Heimatvereins zu verdanken. Die mittelfränkische Gemeinde Wendelstein hat damit ein Kleinod erhalten können, das zu aller Freude auch rege benutzt wird. Schon wenige Monate nach der Fertigstellung wurden die ersten Backkurse abgehalten - von Frauen, die diese Kunst bis heute nicht verlernt haben.

Zum Ofen selbst: Das Richtfest des Bauwerks dürfte bereits im 18. Jahrhundert gefeiert worden sein (Schätzung anhand der vorhandenen handgestrichenen Biberschwanzziegel). Beim Abbruch des Ofens wurden alle verwendbaren Teile des Backofens sortiert, nummeriert und zwischengelagert. Nachdem ein günstiger Aufstellungsort gefunden war, gingen die Mitglieder des Heimatvereins mit fachlicher Unterstützung ans Werk. Seine Außenmaße (ohne Schornstein): Länge etwa 410 cm, Breite etwa 300 cm, Höhe etwa 240 cm.
Der Ofen hat einen abschließbaren Vorraum. Dies ist wichtig, weil er auf öffentlichem Grund erbaut ist und der jeweilige Nutzer den Ofen während der Backzeit abschließen und sich selbst überlassen kann.
Die Backraumform hat sich entgegen der Zeichnung mehr der Brotlaibform angenähert (Absenkung zum Mundloch hin). Der Zugkanal wurde zwecks Vereinfachungsgründen aus Schamotterohren gebaut. Interessanterweise bediente sich der Fachmann,

34 Blick in den geöffneten Wendelsteiner Ofen

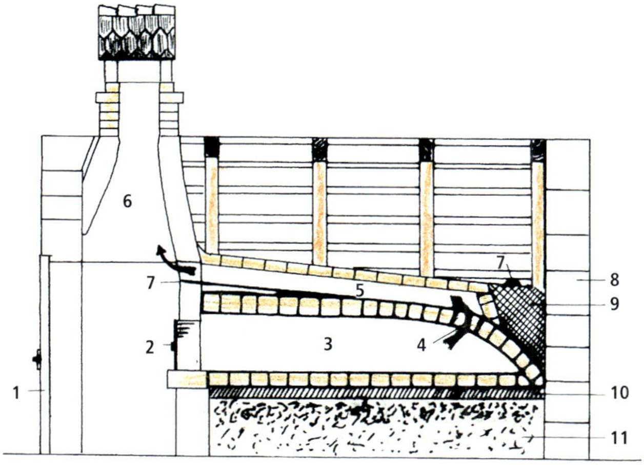

35 Der Wendelsteiner Gemeindebackofen (Schnitt):

1 Vorraumtür,
2 Backofentür,
3 Backraum,
4 Abzugsöffnung,
5 Zugkanal,
6 Schlot,
7 Bandeisen,
8 Sandsteinmauer,
9 Auffüllmaterial,
10 Kalkmörtel,
11 Auffüllmaterial

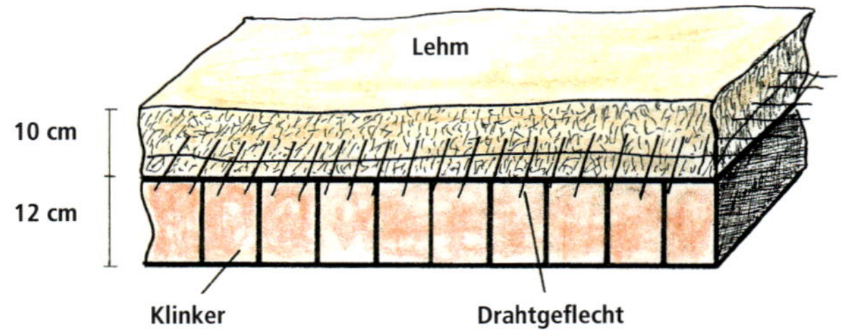

36
Die Backofendecke des Wendelsteiner Gemeindebackofens

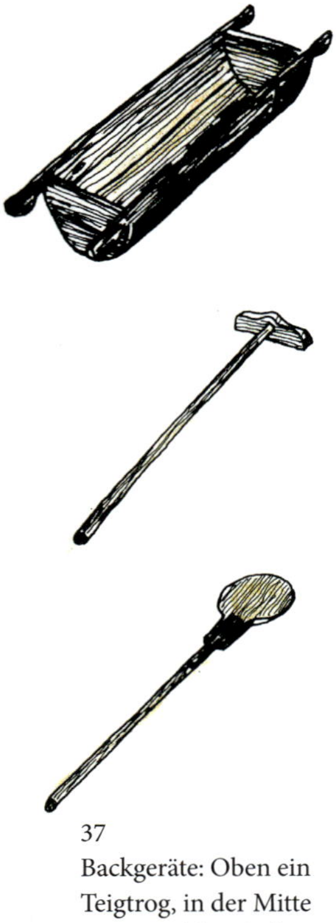

37
Backgeräte: Oben ein Teigtrog, in der Mitte eine „Backkrücke" zum Säubern des Ofens und Verteilen der Glut, unten die Ofenschüssel, die Backschaufel zum „Einschießen" des Brotes in den Ofen.

der das Klinkergewölbe mauerte, der Sandhaufentechnik. Das Gewölbe ist selbsttragend und stützt sich hauptsächlich gegen die vordere Klinker- und die hintere Sandsteinwand ab. Diese Gewölbebauweise bedingt sehr viel Erfahrung und ist erst ab einer bestimmten Backraumgröße sinnvoll. Aus diesem Grund wird hier auf die Beschreibung der Bautechnik verzichtet, da sie wahrscheinlich auch geübte Heimwerker überfordern würde.
Wie alle Backräume großer Öfen ist auch dieser mit Lehm gedämmt (Abb. 36). Die etwa 10 cm starke, direkt auf dem Gewölbe aufliegende Lehmschicht ist mit einem Drahtgeflecht armiert.
Der Rauch zieht in der Anheizphase sowohl durch die Rauchgasöffnung 4 im Backofen, den Zugkanal 5 wie auch durch das Mundloch ab (Abb. 35). In Abb. 34 ist der Ofen in der Aufheizphase zu sehen; nach dem Ausräumen der Holzglut wird der Zugkanalauslass mit einem Stein verschlossen.

Eine Geschichte übers Brotbacken

Die folgende Geschichte stammt von Peter Rossegger. Er erzählt, wie er als Kind den Backtag erlebte:
„ Alle zwei Wochen war Backtag. Man kennt die Stattlichkeit der Brotlaibe bäuerlicher Abkunft; solcher Laibe ihrer vierzehn hatten nebeneinander Raum auf dem glühendheißen Steinboden drinnen.
Während der Ofen also das Brot buk, hatte meine Mutter ein besonderes Heil mit ihm. Da durfte kein feuchter Lappen in seiner Nähe hängen, da durfte in der Stube keine Tür und kein Fenster aufgemacht werden, damit kein ungeschaffenes Lüftchen den braven Ofen anwehe und seine Frucht etwa beeinträchtige. Zwei Stunden lang dauerte die Backzeit, und da war es in der Backstube allerdings so, dass nicht nur die Bilder schwitzten auf dem Hausaltare, sondern auch alle Fenster - selbst im hohen Sommer. Einmal stieß in solch heikler Stunde des Backens der Wind ein Fenster auf; was geschah? Die Brotlaibe, die schon angefangen hatten aufzuschwellen, fielen in sich zusammen und blieben speckig wie ein Klumpen Schmer. Nicht ein so großes Löchlein im Inneren des Laibes, dass man ein Haferkorn, geschweige denn eine Erbse darin hätte verstecken können! Damals hatte die Mutter geweint! Wir aßen das Brot in der Suppe wie sonst. „Wenn's den Laib im Ofen nicht auftreibt, so treibt's den Magen auf", hieß es, und so war es auch.
Am Backtag gab es für mich kleinen Buben allemal eine säuerliche Freude. Denn bevor das Brot in den Ofen kam, musste ich hinein, aber zum Glück nicht nach dem Feuer, sondern vor demselben. Da war's etwas staubig drinnen und rußig und ganz finster. Mit einem Besen aus Tannenreisig hatte ich den Steinboden des Ofens auszufegen; Kohlen, Asche fortzuschaffen und dann die großen Holzscheite übereinander zu schichten, die mir die Magd zum Ofen hineinsteckte.

Ich weiß nicht, ob die Spanier im Mittelalter ihre Scheiterhaufen auch so geschichtet haben; zuerst eine Brücke geradeaus, darüber eine in die Quere, dann wieder eine geradeaus und in die Quere und so weiter. So brennt es am besten. Die Scheiter waren eineinhalb Ellen lang, und als das Gebäude ausgefüllt war bis fast zur Wölbung, da engte es sich arg, und da kroch ich ringsherum, um zu sehen, vielmehr zu tasten, ob es gut war, und dann zum Loch hinaus.
Zum Lohn für solch finstere Taten bekamen wir Kinder jedes ein frisch gebackenes Brotstritzlein, welches wir gleich in noch dampfendem Zustand verzehrten. Theoretisch kriegt man vom Genusse frisch gebackenen Brotes die Kolik, praktisch bekamen wir drei Stunden darauf nichts als Hunger.
Wie die Scheiter gebaut wurden, ist schon gesagt worden. Alsdann den Stoß anzünden, brennen lassen, ausgluten lassen, die Glut mit einem Krückel auseinanderstieren, dann herauskratzen und endlich mit der Ofenschüssel, einer lang bestielten Holzscheibe, die kugelrunden Teigklumpen hineinschießen. - Während das Brot im Ofen backt, ist für die Hausmutter eine bange Zeit, kein Glockengießer kann dem Augenblick erwartungsvoller entgegenatmen, da der eherne Kern sich aus der Hülle schält, als die Hausmutter dem Öffnen des Ofenbretts entgegensieht. Zwei Stunden lang muss der Brotlaib im finsteren Fegefeuer verbleiben. Endlich wird geöffnet. Hübsch bauchig und bräunlich liegen sie da, einer neben dem anderen. Die Hausmutter erhebt ein Freudengeschrei oder betet still bei sich einen Dankseufzer. Doch wehe, wenn die Laibe flach und mausgrau daliegen, dann ist das Innere feucht und speckig. Und es ist der Teufel darauf gesessen.
Eigentlich auf den Tisch kommt das Brot erst am zweiten oder dritten Tag nach dem Backen, oder noch später; je altbackener, desto mehr gibt's aus. Als der Hausvater die erste Hand voll Samenkorn in die Erde geworfen, tat er es mit einem Kreuzzeichen. Jetzt, da er den ersten Laib des Brotes in die Hand nimmt, um davon ein Stück abzuschneiden, macht er mit der Spitze des Messers wieder ein Kreuzzeichen auf den Laib, und damit ist das Werk vollbracht, zu welchem der Mensch dem Schöpfer so tapfer Handlangerdienste geleistet."

38
Der Teig wird angemacht.

39 *links*
Der Teig wird durchgeknetet, geformt und anschließend in Brotformen gelegt.

40 *rechts*
Fertiges Brot liegt knusprig im Ofen.

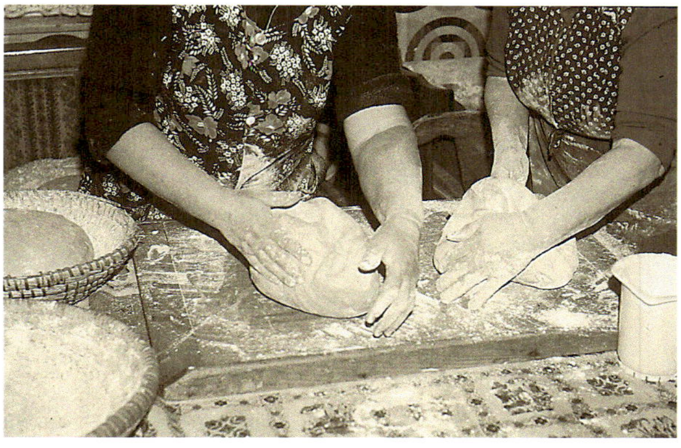

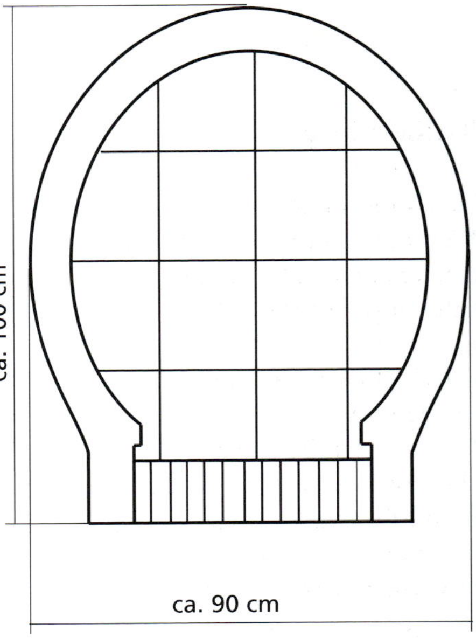
ca. 100 cm
ca. 90 cm

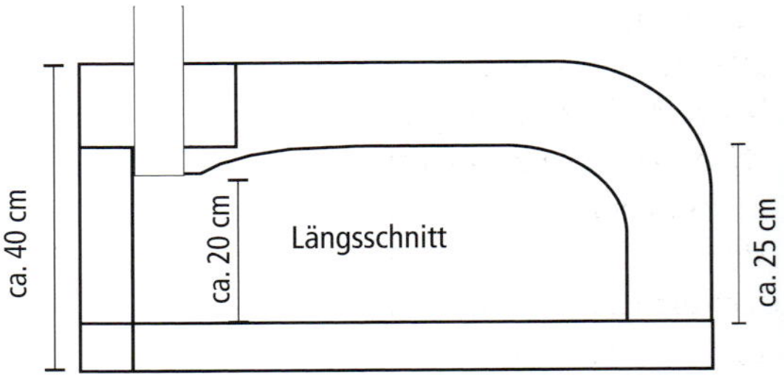
ca. 40 cm
ca. 20 cm
Längsschnitt
ca. 25 cm

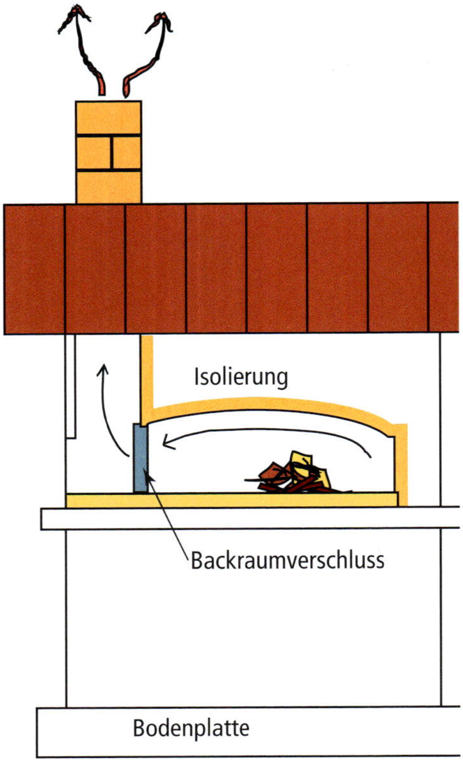
Isolierung
Backraumverschluss
Bodenplatte

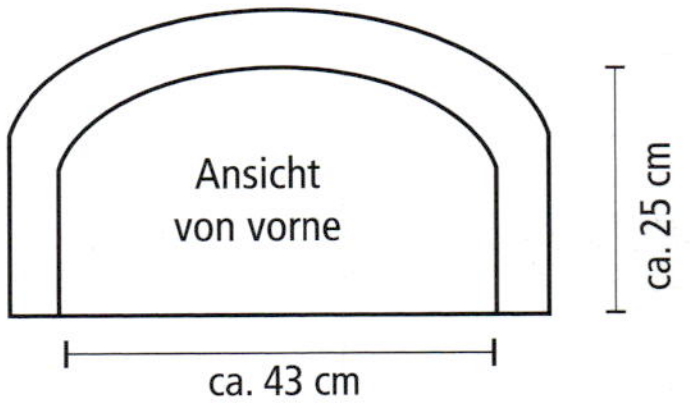
Ansicht
von vorne
ca. 25 cm
ca. 43 cm

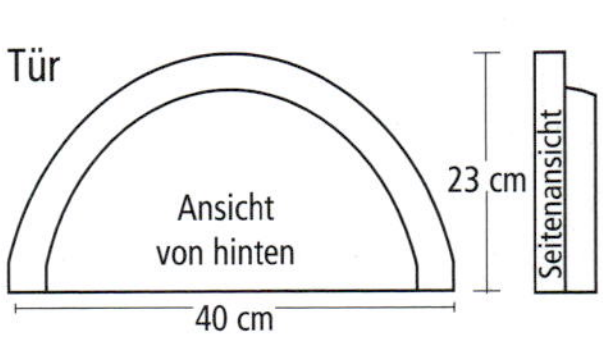
Tür
Ansicht
von hinten
23 cm
Seitenansicht
40 cm

3 Heris Steinbackofen

Heribert Jung

Es war seit vielen Jahren ein großer Wunsch von mir, einen Steinbackofen in unserem Garten zu bauen. Ich hatte lange in vielen Büchereien nach entsprechender Fachliteratur gesucht, jedoch ohne großen Erfolg. Der Ofen sollte relativ einfach zu bauen sein. Vor allem durfte er meinen finanziellen Rahmen nicht sprengen. Allein für die Ofentür und den Schieber, der den Kamin schließen würde, hätte ich viel Geld ausgeben müssen.
Fertige Einsätze kamen für mich nicht in Frage, da auch diese teuer sind.
Im Zeitalter von Internet, gibt es heutzutage die Möglichkeit sich über alles Mögliche zu informieren. So habe ich in wochenlangen Recherchen meinen eigenen Ofen zusammengestellt, mit der Maßgabe, dass sich der Arbeitsaufwand und vor allem die Kosten in einem angemessenen Rahmen halten würden.
Ich hoffe, dass ich mit meiner Dokumentation denjenigen helfen kann, die vor dem gleichen Problem stehen wie ich einmal stand.

Funktionsprinzip

Da ich ohne Kaminschieber und ohne Feuerraumtür auskommen wollte, musste der Ofen so konzipiert werden, dass sich der Feuerraum mit einer einfachen Lösung vom Kamin trennen lässt. Dies habe ich erreicht, indem ich den Kamin vor den Feuerraum setzte, was zusätzlich den Effekt hat, dass sich der Feuerraum gleichmäßig erwärmt. Wird beim Flammkuchen- oder Pizzabacken das Feuer nach hinten geschoben, ergibt sich eine gleichmäßige Wärme über dem Backgut.
Mit einer Betonplatte als Tür zwischen Kamin und Feuerraum kann der Backofen zum Brotbacken komplett verschlossen werden.
Im laufenden Betrieb hat sich mittlerweile herausgestellt, dass die Betonplatte recht schwer ist. Alternativ kann hier eine Türe aus Blech oder Promat eingebaut werden (gibt‘s beim Ofenbauer, Brandschutzplatte aus zementgebundenem Kalziumsilikat, lässt sich mit den üblichen Werkzeugen bearbeiten).

1

2

3

4

5

6

7

8

9

10

Bau des Backofens

Zum Aufbau des Sockels braucht man nicht viel zu sagen. Wer hier schon Probleme hat, sollte sich den Ofen lieber von einem Fachmann bauen lassen. Als Fundament dient eine ca. 15 cm starke Betonplatte, die mit einer Baustahlmatte armiert (verstärkt) wird. Der Sockel wird am einfachsten mit Gasbetonsteinen der Stärke 10 cm gemauert (Abb. 1 und 2).

Zum Kleben wird handelsüblicher Bau- und Fliesenkleber verwendet, der wegen der Kälte im Winter sicherheitshalber frostbeständig sein sollte.

Mit Fliesenkleber wird der Sockel das erste Mal verputzt. Dann zieht der spätere Endputz nicht so schnell an und man kann sich die Grundierung sparen.

Der Sockel dient später als Holzlager und sollte deshalb nicht zu klein sein. Er könnte auch breiter sein als im Bild, dann erhält man später oben eine Arbeitsfläche (Abb. 5 und 6).

Damit der Ofen eine stabile Auflage hat, wird auf dem Sockel eine mindestens 8 cm dicke Platte betoniert, die ebenfalls mit einer Baustahlmatte armiert ist. Hierzu fertigt man eine Holzverschalung um den Sockel herum an (Abb. 4). Das Loch in der Mitte wird mit einer Spanplatte verschlossen, die auf zwei Dachlatten aufliegt. Die Platte wird mit Folie abgedeckt, damit sich die Schalung später besser lösen lässt.

Aus 2 restlichen Gasbetonsteinen (alternativ auch Holz) fertigt man einen Bogen an (Abb. 6 bis 10), der als Form für die darauf zu mauernden Ziegelsteine dient. Es ist darauf zu achten, dass die Form etwas kleiner ist als der spätere Bogen. Die Form wird auf Keile gestellt (siehe Abb. 10), so dass sie später besser entfernt werden kann.

Achtung: Die Ziegel sollten unbedingt mit feuerfestem Mörtel vermauert werden.

Für die Herstellung des Bogens habe ich Hohlziegel verwendet. Die haben den Vorteil, dass man sie prima zusätzlich mit Klammerdraht verbinden kann (Abb. 10).

In der Mitte des Bogens wird die Öffnung für den Rauchabzug ausgespart, das heißt, im oberen Teil wird der Bogen nur vorne zugemauert (Abb. 11 und 12).

Als Boden für den Feuerraum dienen Schamotteplatten von 4 cm Stärke. Die Schamotteplatten sind beim Ofenbauer erhältlich, sie sind dort oftmals billiger als im Baumarkt.

Abb. 16 zeigt die Ansicht von hinten: Oben ist die Öffnung für den späteren Übergang zum Schornstein zu erkennen.

11

12

Die Ofentür oder auch den Verschluss, habe ich in einer Styroporform selbst gegossen (Abb. 13). Es ist jedoch einfacher, allerdings nicht so preiswert, sich beim Ofenbauer eine Promatplatte (siehe oben, Brandschutzplatte aus zementgebundenem Kalziumsilikat) zu kaufen und einen Verschluss herauszuschneiden (sägen, bohren und schleifen möglich. Staub nicht einatmen, kann gesundheitsschädlich sein).
Gelber Maurersand eignet sich hervorragend zum Formen der Ofenkuppel (Abb. 14). In mehreren Lagen wird danach feuerfester Beton aufgetragen. Feuerfester Beton ist als Fertigware bei jedem Kamin- oder Ofenbauer erhältlich. Der Beton wird mit Klammerdraht verstärkt. Nach dem Aushärten der Kuppel wird der Sand einfach durch die Tür wieder entfernt. Stärke der Kuppel ca. 12 cm (dann reicht die Hitzespeicherung auch zum Brotbacken).
Für meinen Ofen habe ich 5 Säcke à 20 kg feuerfesten Beton verarbeitet (Abb. 14). Abb. 15 zeigt den fertigen Feuerraum von außen.
Damit es sich später auf dem Bogen besser weitermauern lässt, wird der Kamin nach hinten gezogen. Mit Styropor wird dazu eine Form angefertigt, die anschließend mit feuerfestem Beton ummantelt wird (Abb. 16 bis 19).
Jetzt ist der Ofen in seiner Funktion prinzipiell fertiggestellt. Auf dem Sockel des Kamins kann prima weitergemauert werden (Abb. 20 bis 21). Nun wird mit Ziegelsteinen die Ummantelung fertiggemauert (Abb. 22). Zum besseren Verständnis, sei zur Abb. 21 noch gesagt: Der Rauchabzug liegt bei geschlossenem Backraum vor der Tür !!!

13

14

15

16

17

18

19

20

21

22

23

24

Ein kleines Dach verhindert, dass Regen auf den Feuerraum auftrifft (Abb. 23). Was die Überdachung betrifft, so kann man an dieser Stelle seiner Phantasie freien Lauf lassen... Für das Gebälk habe ich Rahmenschenkel der Stärke 4 x 6 cm gewählt (Abb. 22 bis 26).
Um eine möglichst lange Wärmespeicherung zu erhalten, wird der Ofen unter dem Dach mindestens 15 cm dick mit Steinwolle isoliert (Abb. 24 und 25). Wegen der Hitzeentwicklung sollte unbedingt auch zum Kamin hin isoliert werden (Abb. 26).
Zum Schluss werden noch die Dachziegel aufgelegt (Abb. 27 und 28) und die Front über der Feuerraumöffnung zum Dach hin zugemauert (siehe Foto Seite 46).

Anmerkung

Ich möchte hier noch einmal das Prinzip eines Steinbackofens erklären, da mir oft die Frage gestellt wird, wie das Feuer Luft bekommt, wenn die Tür geschlossen ist usw. Also, ein Steinbackofen wird bei geöffneter Tür angeheizt, was je nach Größe des Brennraumes und der Stärke der Kuppel 1 - 2 Stunden dauert. Wenn die erwünschte Temperatur erreicht ist, wird der Brennraum komplett leer geräumt und mit einer nassen Naturbürste ausgefegt. Erst jetzt wird das Brot oder etwa der Fleischbraten in den Ofen geschoben. Bei geschlossener Tür reicht die gespeicherte Hitze aus, um zu backen oder zu braten! Während des Garwerdens der Speisen brennt also kein Feuer mehr im Ofen! Ist ein Thermometer erforderlich, um die richtige Temperatur für das Gar-

25

26

27

28

werden festzustellen? Meine Antwort: Ein Thermometer ist nicht zwingend erforderlich. Ich streue nach dem Ausräumen des Feuers ein wenig Mehl auf den Backraumboden. Qualmt das Mehl und wird schwarz, ist der Ofen noch zu heiß, wird es langsam hellbraun, ist die Temperatur optimal.

Zum Anheizen: Ist der Bau des Ofens fertig, sollte nicht direkt mit dem Anheizen begonnen werden. Nach ein paar Tagen, wenn der Brennraum trocken ist, wird ein kleines Feuer aus Papier und dünnen Holzstückchen entfacht - nur für ein paar Minuten. In den folgenden Tagen wird die Prozedur wiederholt, wobei das Feuer größer wird und länger brennt. Nur so ist gewährleistet, das der Ofen keine größeren Risse bekommt.

Pizza & Flammkuchen: Der Ofen wird wie gewohnt angeheizt. Hat er genug Temperatur (Erfahrungswert) schiebt man das Feuer nach hinten und beginnt dann mit dem Backen. Mit kleineren Holzscheiten kann das Feuer im hinteren Bereich weiterbrennen.

Zum Schluss sei noch Folgendes gesagt: Beim Bau bitte nichts übereilen. „Gut Ding braucht Weil“.

Also erst alles noch einmal überdenken, bevor man den nächsten Schritt angeht.

In diesem Sinne wünsche ich gutes Gelingen und viel Spaß beim Backen und Braten!

Zu den Kosten

Sockel

Betonestrich, 9 Säcke	30,61 €
Schalholz	11,32 €
Zementmörtel, 3 Säcke	9,87 €
Ytongsteine	70,00 €
Kosten gesamt	121,80 €

Feuerraum

Feuerfester Mörtel, 2 Sack	39,94 €
Bodenplatten, 5 Stück	89,00 €
Feuerfester Beton, 5 Säcke à 20 kg	126,00 €
Kosten gesamt	254,94 €

Oberbau

Backsteine, hohl, 180 Stück	114,60 €
Backsteine, voll, 20 Stück	15 €
Dachziegel, Steinwolle, Latten	112 €
Kosten gesamt	241,60 €

Gesamtkosten für den Steinbackofen 618,34 € (Preise regional unterschiedlich und zurzeit sehr volantil)

29

30

Linke Seite:
Gemauertes Backhäuschen mit Ruhebank:
- anheizen
- Luftzufuhr regeln
- Backraumtür entfernen
- hmmmmh, die Flammkuchen sind wieder mal perfekt geworden...

Fotos: Manfred Kiefer

Rechte Seite
oben: Backhäuschen in Cornwall in einem Innenhof
unten: Wird noch regelmäßig benutzt: ein alter überdachter Backofen in Norddeutschland
Fotos: Cl. Lorenz-Ladener

4 Unser Recycling-Steinbackofen

Dirk Osenberg

Unser Recyclingofen kam so zustande, dass ich auf einem Bauernhof in Frankreich einen alten Wohnzimmerofen abgerissen habe. Die Schamottesteine sowie die Ofentür transportierte ich dann auf mein Grundstück. Von meinem Bruder bekam ich Ziegelsteine eines Abbruchhauses. Somit hatte ich das Material für einen kleinen Steinbackofen (Abb. 2) im Wesentlichen zusammen. Der Bau konnte beginnen.

Fundament: Der Untergrund besteht hier nur aus einer Schicht Kies. Dies ist für den Ofen allerdings nicht zu empfehlen, denn im Frühjahr ist die darauf liegende Schamotteplatte nass, weshalb das Anfeuern länger dauert.

Ofengewölbe: Ein Gewölbe hatte ich bisher noch nicht gemauert. Aber einmal ist immer das erste Mal. Ich überlegte, wie das die Leute früher gemacht hatten. So baute ich eine einfache Holzschablone, stellte sie zwischen die gemauerten Wände und mauerte darüber. Fertig!

Schornstein: Das Ofenrohr ist hinten nur eingesteckt, also keine große Konstruktion (Abb. 3).

Außenputz: Der Ofen wurde abschließend mit einer Lage Hausputz versehen und trocknen gelassen (Abb. 1), nachdem er dank der künstlerischen Fähigkeiten meiner Frau noch schön verziert worden war (Abb. 5).

Dann wurde er angefeuert, das Holzgestell innen verbrannte. Und fertig

1

2

3

4

5

war unser Steinbackofen (Abb. 6). Wunderbar! Der Ofen ist außen ungefähr 80 cm breit, 110 cm tief und 90 cm hoch. Der Innenraum ist um die Stärke der Schamotte und der Ziegelsteine kleiner.

Wir backen im Ofen Brote (immer 3 Brote gleichzeitig), Pizzen, Aufläufe und Hefekuchen.

Der Ofen ist nun 3 Jahre in Betrieb, seine Funktionalität ist noch gegeben, aber im kommenden Jahr soll er ersetzt werden. Warum? Der Brennraum hat sich als zu hoch erwiesen. Die Wärme hält sich hauptsächlich oben im Gewölbe. Die Ofentür hat sich durch die Wärmeausdehnung irgendwann gelöst. Sie muss richtig eingebaut und mit einer Dehnungsfuge versehen werden. Auch ein kleines Fundament ist nötig, das den Boden des Ofens vor Feuchtigkeit schützt.

6

1

5 Evas Steinbackofen

Eva Mölter

Als gelernte Bäckerin schied ich nach 10 Jahren aus dem Beruf aus, da ich schwanger wurde und sich Familie und Beruf nicht vereinbaren ließen. Die Freude am Backen konnte mir dennoch niemand nehmen, doch schnell stellte sich heraus, dass das Brotbacken im Küchenherd nicht das war, was ich wollte. Nein, ich erinnerte mich an die Worte meines Vaters, an die Erinnerungen an seine Jugend, in der frischer Brotduft aus dem Backofen vom Wind durch das Dorf getragen wurde. So entstand die Idee, einen Steinbackofen im Garten zu bauen, in dem „altherkömmlich", d.h. wie zu Großmutters Zeiten Brot gebacken werden konnte.
Immer wieder suchte ich im Internet nach Bauanleitungen und Ideen. Doch so richtig überzeugen konnte mich nichts. Als wir dann im Urlaub ein Freilandmuseum besuchten, roch es dort nach frisch gebackenem Brot. Mmmmmmmh lecker, und da stand es auch, ein kleines altes Backhaus, in dem noch regelmäßig gebacken wurde.
Von nun an gab es kein Halten mehr, ich wollte einen nach meinen Bedürfnissen gebauten Steinbackofen haben. Groß sollte er sein und alt aussehen, am richtigen Platz stehen und sich in die gegebene Landschaft bestmöglichst einpassen. Da ich in einer alten Mühle wohne, in der nicht nur früher Roggenmehl gemahlen, sondern auch komplett mit Feldbrandsteinen gebaut wurde, stand von Anfang an fest, der Steinbackofen sollte auch aus Feldbrandsteinen (Backsteinen) gebaut werden.
Ich glaube, ich habe in unserem 3500-Seelen Örtchen jeden Menschen gefragt, der nur irgendwie in Frage kam, ob er noch ein paar alte Backsteine auf seinem Anwesen herumliegen habe. So fuhren wir an manchem Abend mit einer Schubkarre durch den Ort und sammelten bei Anwoh-

2

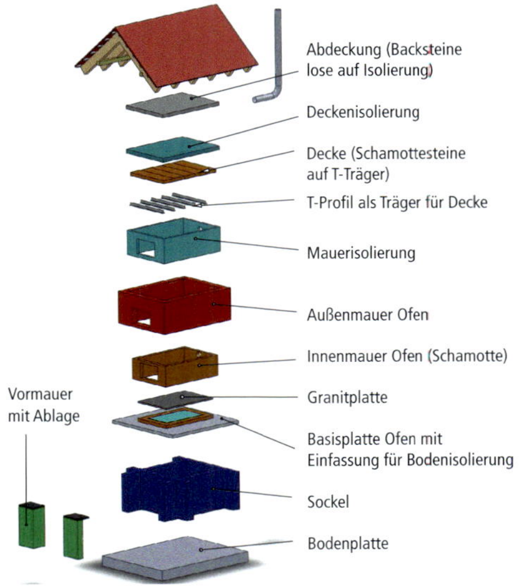

3

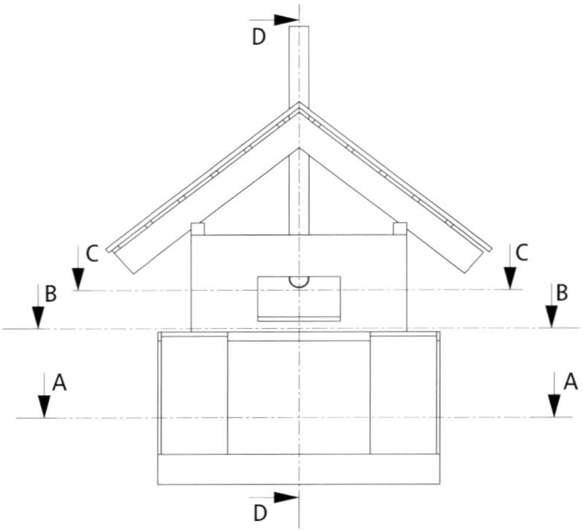

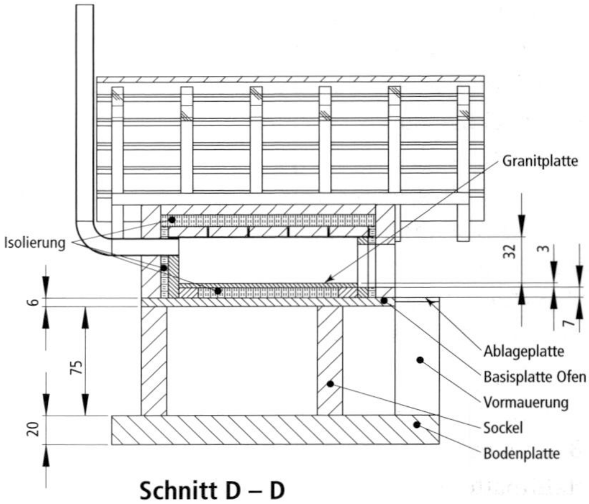

Schnitt D – D

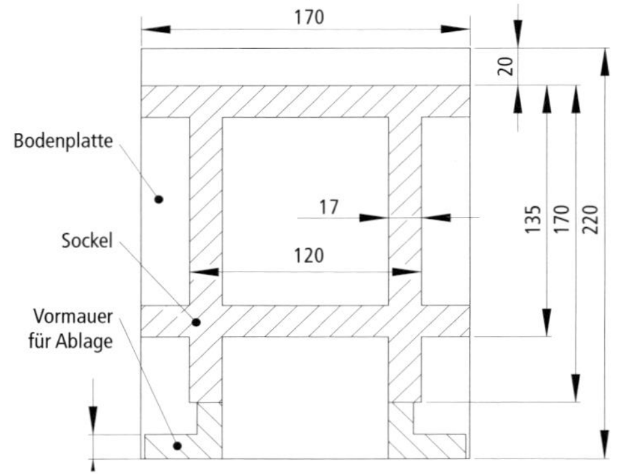

Schnitt A – A

Ansicht, Schnitte und Isometrie des Steinbackofens

Alle Maße in cm

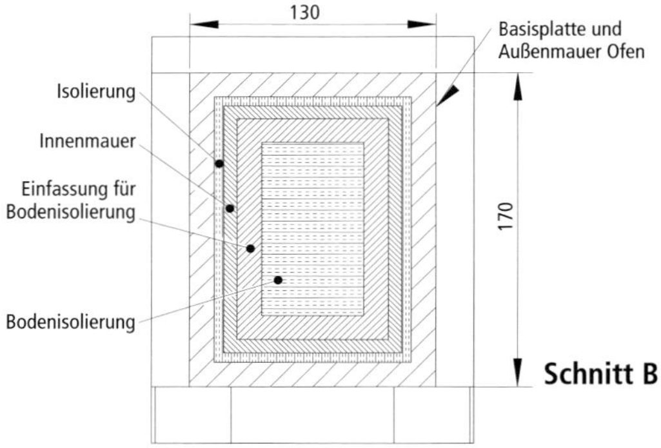

Schnitt B – B

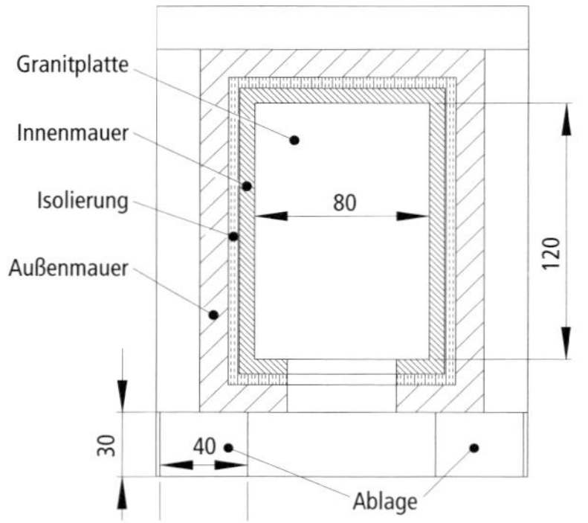

Schnitt C – C

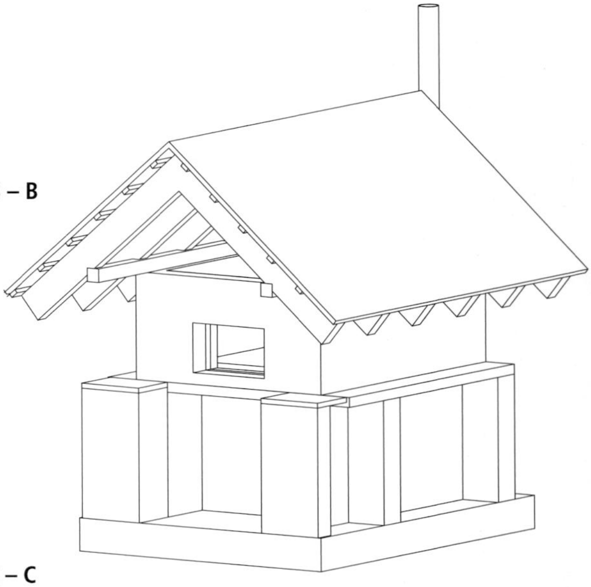

nern alte Backsteine ein. Und da nun fast jeder in unserem Dorf von unserer Idee wusste, kam das Thema Steinbackofen auch bei diversen Feiern und Festen auf. Auf einem Fest ergab es sich dann, dass mir ein Bekannter Schamottesteine anbot, die in seiner Firma entsorgt werden sollten. Von einem Dachdeckermeister wiederum bekam ich alte Biberschwänze (Dachziegel) sowie die dazugehörigen Firstziegel. Von einem befreundetem Bauunternehmer erhielt ich die Baustahlmatten für das Fundament und Porotonsteine (498 x 115 x 238 mm). Mein Vater hatte zufällig ein neues Ofenrohr inklusive Wandfuttter und Drosselklappe im Keller liegen und mein Bruder brachte mir eine große Granitplatte, über die schon viele Menschen gerätselt haben, aber dazu später mehr.
Nun war ich in großem Zugzwang, denn jetzt hatten wir jede Menge Baumaterialien im Hof liegen, aber noch keinen Bauplan für den Steinbackofen.
Was ich auf keinen Fall wollte, wusste ich: Der Backraum sollte nicht gewölbt sein. Denn ich persönlich bevorzuge einen rechteckigen Backraum, da ich der Meinung bin, dass die Oberhitze dann gleichmäßiger ist und ich das Backgut nicht während des Backens umsetzen muss.

Fundament

Der geeignete Platz für meinen Steinbackofen war im Garten schnell gefunden. Wir steckten das Fundament (170 x 220 cm) ab und hoben die Erde ca. 20 cm tief aus. Aus alten Holzbrettern, die bei uns herumlagen, nagelten wir eine Schalung zusammen und achteten darauf, dass die Kanten oben schön gerade und glatt waren. Den Schalungskasten setzten wir exakt waagerecht in die ausgehobene Vertiefung. Danach schnitten wir 2 Baustahlmatten auf passende Größe (160 x 200 cm) zu und legten sie in die „Baugrube“. Nun konnte der angerührte Fertig-Estrich-Beton eingefüllt werden, den wir mit einer Richtlatte glatt abzogen. Fertig-Estrich-Beton ist in jedem Baumarkt in 40 kg Säcken erhältlich.
Das Fundament ließen wir 4 - 5 Tage trocknen, bevor wir die Schalung wieder entfernten (Abb. 4).

Der Sockel

Nachdem das Betonfundament trocken war, begannen wir mit dem

4

5

Mauern des Ofensockels. Hierfür benutzten wir handelsübliche Porotonsteine (498 x 115 x 238 mm). Den Mauer-Mörtel bezogen wir in 40 kg Säcken aus dem Baumarkt.

Die hintere Wand mauerten wir gerade hoch, die linke und rechte Seite sowie die Vorderseite erhielten einen Überstand (Abb. 5). Denn dort sollte später – gut geschützt – Brennholz lagern können.

Die Sockelplatte

Um die Sockelplatte gießen zu können, benötigten wir wieder eine Schalung. Die war als verlorene Schalung vorgesehen, d.h. die Schalungsmaterialien bleiben für immer in der Ummauerung, da nicht mehr an sie heranzukommen ist. Wir haben 6 etwa gleichmäßige Äste (man kann aber auch Vierkanthölzer verwenden) auf gleiche Länge geschnitten, einen Ast in jede Ecke des Innenraums gestellt und einen Ast jeweils in die Mitte der Längsseiten (Abb. 6). Dann schnitten wir eine Holzplatte so zu, dass sie genau die Innenmaße des ummauerten Raumes hatte, legten die Holzplatte auf die Astpfosten und nagelten sie dort fest. Im Prinzip bauten wir einen Tisch mit 6 Beinen. Wichtig dabei war uns, dass der „Tisch“ die gleiche Endhöhe wie der gemauerte Sockel hatte.

Den Rest der Schalung bauten wir ebenfalls nach dem Prinzip „Tisch“ aus je einer Holzplatte für die linke und rechte Seite (Länge der Außenwand des Innenraums, Breite des Überstands) und 6 auf Länge geschnittene Astpfosten so, dass die Holzplatten exakt mit dem Mauerwerk abschlossen. Auch auf der Vorderseite des Sockels brachten wir mit Hilfe von Astpfosten 3 Holzplatten an (Abb. 7). Natürlich achteten wir auch hier darauf, dass alles schön waagerecht war.

Danach kamen die Schalbretter vom Fundament wieder zum Einsatz. Sie wurden mit 6 cm Überstand nach oben ringsherum an den Holzplatten als Rahmen für die Betonsockelplatte befestigt.

Wir schnitten 2 Baustahlmatten auf Maß (160 x 160 cm) und legten sie in die Verschalung, bevor wir diese wieder mit Fertig-Estrich-Beton auffüll-

ten. Wie auch beim Fundament zogen wir die Fläche mit der Richtlatte glatt und ließen den Beton 4-5 Tage trocknen (Abb. 8 und 9). Danach entfernten wir die Schalbretter sowie die „Tische“, d.h. die Holzplatten und Astpfosten.

Das Herzstück, der Backraum

Nun kam der wichtigste Teil des Bauvorhabens an die Reihe. Die Backfläche sollte 120 cm x 80 cm groß werden. Dies aus dem einfachen Grund, da die von mir gewünschten Backbleche und Backformen eine Größe von

Dämmgranulat

Schamotte-Kranz

Der fertig befüllte Kranz wurde mit Schamottesteinen komplett wie ein „Deckel“ zugemauert.

40 cm x 60 cm haben. Es sollten immer 2 Bleche nebeneinander und hintereinander platziert werden können. Bevor wir mit dem Mauern des Herzstückes begannen, schnitten wir einen Karton auf die Größe der gewünschten Backfläche (120 x 80 cm) zu, legten ihn mittig auf die Sockelplatte, so dass er zu allen 4 Seiten den gleichen Abstand hatte und markierten mit einem dicken Bleistift seine Umrisse. Die erste Lage Schamottesteine

Granitplatte 120 x 80 x 5 cm

Ansicht von vorne

Ansicht von hinten

Platz für Wandfutter (100 mm Durchmesser) zur Aufnahme des Ofenrohres

Der Hohlraum zwischen Schamottesteinen und Backsteinen wurde später mit Dämmgranulat gefüllt.

(Steinmaß 26 x 13 x 7 cm) wurde entlang der Markierung gemauert, wobei wir immer wieder sorgfältig kontrollierten, dass alle Steine waagerecht ausgerichtet waren. Den Raum innerhalb der Schamotte-Ummauerung füllten wir mit Dämmgranulat, damit später die Wärme nicht nach unten entweichen würde (Abb. 10 und 11). Die Schamotte-Dämmgranulat-Schicht wurde dann vollflächig mit Schamottesteinen belegt, wobei wir auch hier wieder sehr sorgfältig darauf achteten, dass wir alle Steine waagerecht legten (Abb. 12 und 13).

20

Was hatte es nun mit der eingangs erwähnten Granitplatte auf sich?
Da der Feuerraum zugleich auch der Backraum ist, muss die Backfläche gereinigt werden, bevor das Backgut in den Ofen geschoben wird. Und da ich nicht wusste, wie stark ein eventueller Abrieb der Schamottesteine sein würde, kamen wir auf die Idee, diese Granitplatte einzusetzen. Sie lässt sich auch sehr gut reinigen, so dass die Asche vor dem Backen nahezu restlos entfernt werden kann. Zwar wird sie durch die Hitze irgendwann reißen. Deshalb haben wir sie auch nur frei auf die Schamotteschicht gelegt, so dass sie sich während des Befeuerns ausdehnen kann (Abb. 14). Erkaltet der Ofen, zieht sich die Platte wieder zusammen. Auch hier war es uns sehr wichtig, dass die Platte absolut waagerecht aufliegt.
Nachdem die Granitplatte lag, mauerten wir, wegen der Ausdehnung, im Abstand von 1 cm rings um sie die linke, rechte und die hintere Wand mit Schamottesteinen und Schamottemörtel hoch. Bei der Rückwand ließen wir mittig in der letzten Reihe Platz, um das Wandfutter für das Ofenrohr (Abb. 15 bis 17) einsetzen zu können.

Rahmen der Ofentür

Spalt zwischen Schamottewand und Backsteinwand zur Aufnahme des Ofenrohres

21

22

Der Spalt zwischen Ofenboden und Türrahmen wurde mit Schamottemörtel verfugt.

T-Träger

Verfugung der Backraumabdeckung

Um die Schamottewände herum mauerten wir im Abstand von 5 cm Außenwände aus Feldbrandsteinen (Backsteinen) und füllten später den Hohlraum zwischen den Wänden mit Dämmgranulat auf (Abb. 18 und 19).
Nun mauerten wir die vordere Wand mit Schamottesteine bis auf die Aussparung für die Ofentür hoch. Der Rahmen für die Ofentür sollte natürlich nicht in der Ebene der Schamottewand liegen, sondern an der Außenwand aus Feldbrandsteinen befestigt werden (Abb. 20), die wieder im Abstand von 5 cm Luftraum gemauert wurde. Auch diesen Luftraum füllten wir später mit Dämmgranulat. Den Spalt links und rechts am Rahmen zwischen der Schamotte- und der Backsteinwand mauerten wir mit zugeschnittenen Schamottesteinen hoch (Abb. 22).
Nachdem wir den Rahmen für die Ofentür befestigt, und die Wände alle die gleiche Höhe hatten, mauerten wir mit Mauermörtel das Wandfutter für das Ofenrohr an der Rückwand des Ofens ein.
Um die Decke des Backraumes zu stabilisieren, ließen wir beim ortsansässigen Metallbauer 5 T-Träger (à 86 cm lang) aus Stahl anfertigen. Diese legten wir in Speis oben auf die Schamottestein-Umrandung auf und mauerten die Decke von hinten nach vorne. Der Abstand der T-Träger betrug jeweils die Länge eines Schamottesteins zzgl. ca. 1 cm zum Verfugen, so konnten die Schamottesteine immer zwischen 2 T-Trägern eingelegt und von oben mit Schamottemörtel verfugt werden (Abb. 23 und 24).
Die Außenwände aus Feldbrandsteinen mauerten wir eine Steinlage höher als den Schamotte-Feuerraum. Die Hohlräume zwischen den Wänden wurden mit Dämmgranulat gefüllt. Als obere Abdeckung mauerten wir vollflächig eine Lage Feldbrandsteine auf die Schamottedecke.
Nun ließen wir die Arbeiten 3 Tage ruhen, damit der Schamotte- wie auch der Mauermörtel austrocknen konnte.
Jetzt kam für uns der spannende Moment, herauszufinden, ob der Ofen auch genügend „Zug“ haben würde. Wir schlossen das Ofenrohr (Durchmesser 100 mm) an und entfachten ein kleines Feuer im Backraum. Erleichtert stellten wir fest: Es hätte nicht besser sein können, wir hatten alles richtig gemacht!

Das Dach

Das Dach bescherte uns einige schlaflose Nächte, da wir keinerlei Zimmermanns-Erfahrungen hatten.
Aber auch hier spielte wieder Gevatter Zufall mit! In der Nachbarschaft wurde ein altes Gartenhaus abgerissen. Dort besorgte ich Vierkanthölzer (9 x 9 cm und 18 x 9 cm). Dann bauten wir eigentlich einfach darauf los. Auf die Abdeckung des Ofens legten wir aus Vierkanthölzern ein Rechteck aus, dessen seitliche Hölzer (Fußpfetten) etwas über den Rand herausragten, um eine Auflage für die Sparren zu erhalten (Abb. 25).
Die zuvor mit Holzlasur gestrichenen Hölzer befestigten wir dann ganz unbefangen mit Schrauben auf der Abdeckung aus Feldbrandsteinen. Und Wunder über Wunder, die Vierkanthölzer waren fest! Auf die gleiche Art haben wir auch die Querträger befestigt.
Danach ermittelten wir nach Gefühl die gewünschte Höhe der Bedachung und befestigten zwei gleich lange Stützpfosten mit schräg eingelassenen Schrauben mittig am hinteren und vorderen Querträger. Zusätzlich sicherten wir die Stützen mit den Querträgern mittels Flacheisen von der Innenseite her, also unsichtbar.
Die Firstpfette schraubten wir von oben an die Stützen und brachten zur Verstärkung jeweils innen noch einen Eisenwinkel an.
Nun fehlten noch die Sparren. Diese schnitten wir aus den Vierkanthölzern (18 x 9 cm) auf Gehrung zu. Das erste Paar Sparren nagelten wir vorne am First und an den unten überstehenden Fußpfetten bündig fest, das zweite hinten am First und außerdem jeweils 2 Paar Sparren dazwischen.
Ich glaube, spätestens jetzt hätte jeder Handwerker gelacht. Aber wie gesagt,

Die Fußpfetten (9 x 9 cm) sollten jeweils 10 cm überstehen.

wir hatten absolut keine Ahnung von Zimmermannsarbeiten ...
Nun konnten waagerecht auf jeder Seite 9 Dachlatten aufgenagelt, und die Holzkonstruktion mit Biberschwanz-Ziegeln abgedeckt werden.
Die Firstziegel befestigten wir mit Mauermörtel.

Das Anbringen des Ofenrohrs

Das Ofenrohr mit Drosselklappe schlossen wir an das bereits eingebaute Wandfutter mit einer Rohrschelle

Thermometer bis 500°C

am hinteren Sparren an. Wichtig war uns, das Rohr mit einer Abdeckkappe zu versehen, damit es nicht hineinregnen würde (Abb. 26). Da wir keine Möglichkeit hatten, in den hinteren Firstziegel ein Loch zu schneiden, ersetzten wir den Ziegel durch ein Alu-Blech, in das wir mit einer Stichsäge ein Loch für das Ofenrohr sägten.

Einbau des Thermometers

Um das Thermometer einzubauen, haben wir rechts neben der Ofentür, genau in einer Fuge, mit der Bohrmaschine das gesamte Mauerwerk (also Backsteinwand und Schamottesteine) schräg durchbohrt (damit eventuell auftretendes Kondenswasser besser abfließen würde). In das Loch schoben wir ein Metallröhrchen hinein und befestigten dieses mit Schamottemörtel. Der lange Fühler des Thermometers reicht auf diese Weise – durch das Röhrchen geschoben – bis in den Backraum. Diese Lösung hat den Vorteil, dass man das Thermometer eventuell über den Winter herausnehmen bzw. leicht auswechseln kann, wenn es kaputt sein sollte (Abb. 27).

Die Ablagetürmchen

Auf der Vorderseite haben wir rechts und links am Ofen eine Ablage aus Backsteinen gemauert, um Bleche etc. abstellen zu können (Abb. 28). Diese Ablage durchgängig zu bauen, hätte den Nachteil gehabt, dass wir mehr als eine Armeslänge vom hinteren Teil der Backfläche entfernt gewesen wären. Denn zur Tiefe der Backfläche (120 cm) wäre ja noch die Tiefe der Ablagefläche dazugekommen. Für das Einschießen der Bleche in den Ofen ist deshalb für uns ein „Schießer" nicht zwingend nötig und auch das Anfeuern, Verteilen der Glut und das Reinigen ist einfacher, da mit den Armen bestens in das Innere des Ofens zu kommen ist.

Die Ablagetürmchen haben samt aufgesetzter Granitplatten (jeweils ca. 30 x 40 x 4 cm) die gleiche Höhe

Granitplatte   Lagerplatz für Brennholz

Oberkante Mauerwerk   Oberkante Sockelplatte

Blende   Kupferblende   verputzter Ofensockel

wie die Sockelplatte des Ofens. Die Türmchen sind als rechte Winkel gemauert, dadurch entstand gleich noch ein Platz zur Lagerung von Brennholz.

Schönheitsarbeiten

Den Sockel des Ofens haben wir mit Mauermörtel verputzt (Abb. 29).
An der Vorderseite des Daches hat ein handwerklich begabter Freund noch eine Blende angebracht.
Damit der Rauch, der beim Anheizen auch aus der Türe quillt, nicht direkt in das Dachgebälk zieht und dieses mit Ruß schwarz färbt, haben wir über der Tür eine Kupferblende (80 x 15 cm) angebracht.
Außerdem befestigten wir später noch Dachrinnen, damit Regenwasser besser vom Ofen abgeführt wird.

Kosten

Wie bereits am Anfang erwähnt, bekamen wir die Schamottesteine, Baustahlmatten, Firstziegel, Biberschwänze, Backsteine, die große Granitplatte, das Ofenrohr inkl. Drosselklappe und Wandfutter sowie die Vierkant-Hölzer für das Dach geschenkt.

So verblieben noch folgende Kosten für uns:

Fertig-Estrich-Beton	ca. 66,00 €
Mauermörtel	ca. 22,50 €
Zeller-Poroton-Steine	ca. 85,00 €
Schamottemörtel	ca. 45,00 €
T-Träger	ca. 30,00 €
Dachlatten	ca. 25,00 €
Dämmgranulat	ca. 25,00 €
Ofentür	ca. 150,00 €
Ofenthermometer	ca. 25,00 €
Kl. Granitplatten	ca. 15,00 €
Gesamt: ca.:	488,50 €

Was würden wir heute anders bauen?

Eigentlich entspricht der Steinbackofen genau meinen Vorstellungen und Bedürfnissen, jedoch gibt es das Eine oder Andere, was ich heute anders bauen würde!

- Auf jeden Fall würde ich eine größere Ofentür vorsehen, 2-flügelig, über die gesamte Breite des Ofens, am besten eine schöne, alte, gusseiserne Tür. Nicht nur des hübschen Aussehens wegen, nein, wir würden

	Benötigte Baumaterialien	Werkzeuge
Fundament	23 Sack à 40 kg Fertig-Estrich-Beton sowie 2 Baustahlmatten je 160 x 200 cm Schalholz-Bretter Nägel	Spaten Schippe Speiskübel Wasserwaage Hammer Richtlatte
Ofensockel	42 Mauersteine Zeller Poroton 498 x 115 x 238 mm 3 Sack Mauermörtel à 40 kg	Speiskübel Maurerkelle Wasserwaage Gummihammer
Sockelplatte	ca.10 Sack à 40 kg Fertig-Estrich-Beton 2 Baustahlmatten sowie Schalholz und diverse Holzplatten Astpfosten oder Vierkanthölzer Nägel	Speiskübel Wasserwaage Schippe Hammer Säge
Herzstück / Backraum	160 Schamottesteine 26 x 13 x 7 cm 35 kg Schamottemörtel 5 T-Träger 1 Granitplatte 120 x 80 x 5 cm 3 Sack Dämmgranulat (80 l Gebinde) aus dem Baumarkt ca. 450 Backsteine 26 x 13 x 7 cm 4 Sack à 40 kg Mauermörtel 1 Ofentür 1 Ofenrohr inkl. Wandfutter, Drosselklappe und Abdeckkappe 1 Backofenthermometer bis 500°C	Speiskübel Maurerkelle Wasserwaage Bohrmaschine Gummihammer
Dach	Vierkanthölzer 18 Dachlatten 250 Biberschwänze (Dachziegel) 7 Firstziegel 1/2 Sack Mauermörtel f. die Firstziegel Zimmermannsnägel Schrauben	Wasserwaage Säge Hammer Speiskübel Bohrmaschine
Ablagetürmchen	44 Backsteine (26 x 13 x 7 cm) 1 Sack Mauermörtel (40 kg) 2 Granitplatten (ca. 30 x 40 x 4 cm)	Speiskübel Maurerkelle Wasserwaage

uns auch leichter beim Bestücken des Ofens tun.

- Das Dach ist zwar, so wie es ist, in Ordnung, aber sicherlich könnte es von Menschen, die nicht wie wir, absolute Laien sind, noch viel schöner gebaut werden.
- Sehr angenehm wäre Licht im Backraum, da es doch immer mal vorkommt, dass die Backtage bis zur Dunkelheit andauern. So behelfe ich mir mit einer Taschenlampe, was auch ganz gut funktioniert.

Das Aufheizen und Backen im Steinbackofen

Bei der erheblichen Größe des Ofens ist es notwendig, ihn etwa 3 Stunden vor dem Backen mit Buchenholz aufzuheizen. Je nachdem, was gebacken werden soll und wie hoch oder niedrig die Außentemperaturen sind, muss er auch schon mal länger vorheizen. Wer im Winter backen möchte, sollte deshalb genügend Zeit einrechnen.

Claus, der Feuermeister, beschreibt das Anfeuern so (Abb. 30):

Vor dem Anheizen muss die Drosselklappe am Ofenrohr geöffnet werden, damit der Ofen ausreichend Zugluft erhält. Mit dünnen Buchenhölzchen wird ein Feuer entfacht und nach und nach immer größere Holzscheite in das Feuer gelegt. Am besten eignen sich etwa Unterarm große Stücke. Bei jedem Nachlegen sollte das Feuer etwas nach hinten geschoben werden, damit sich die Ofenwände gleichmäßig erwärmen. Hat der Ofen eine Temperatur ca. 100°C über der gewünschten Backtemperatur erreicht, wird die Glut gleichmäßig im Ofen verteilt (Abb. 31).

Nun wird die Drosselklappe am Ofenrohr wieder geschlossen, damit die Schamottesteine die Hitze gut speichern. Nach und nach verglimmt die Glut zu Asche (Abb. 32). Diese wird vor dem Backen aus dem Ofen geräumt und die Backfläche z.B. mit einem nassen Lappen gesäubert. Sollte die Hitze im Ofen dann immer noch zu hoch sein, werden Drosselklappe und Ofentür so lange geöffnet, bis der Feuerraum die richtige Temperatur zum Backen hat.

Nicht alle Speisen, die in den Ofen geschoben werden, benötigen zum Garwerden die gleiche Temperatur. Ohne nachzufeuern fällt die Temperatur kontinuierlich. Gehen wir beispielsweise davon aus, das Folgendes gebacken werden soll: Zuerst Pizza bei 350°C für das Mittagessen, dann Sauerteigbrot bei 260°C, danach Knoblauchfladen, Käsebrötchen und Wasserwecken bei 220°C. Und mit der

31

verbleibenden Restwärme soll dann noch z.B. Kuchen oder ein leckerer Krustenbraten gebacken werden. Claus, der Feuermeister, wird den Ofen morgens gegen 10 Uhr anheizen. In der Anheizzeit, die etwa drei Stunden dauert, bereite ich die Pizza und den Brotteig zu. Während wir gemütlich zu Mittag essen, kann die Temperatur auf ca. 260°C fallen und das Brot in den Formen oder Körbchen aufgehen, bevor es dann für etwa 1 Stunde in den Ofen geschoben wird. Während das Brot im Ofen ist, bereite ich den Teig für die Knoblauchfladen, Käsebrötchen etc zu. Ist das Brot fertiggebacken, kann gewöhnlich auch schon das restliche Backgut nacheinander in den Ofen geschoben werden.

Der Tag endet mit einem gemütlichen Beisammensein bei frischem Brot, geräuchertem Schinken und dem einen oder anderen Bierchen ...

Schlussbemerkung

Nach 6-monatiger Planung und 10 Wochen Bauzeit haben sich alle Mühen für die Beschaffung der Baumaterialien sowie die Anstrengungen des Bauens gelohnt.

Da es im Steinbackofen möglich ist, höhere Temperaturen als in einem Küchenherd zu erreichen, eignet er sich für fast alles, was man so in den Ofen schieben kann, seien es Wildschwein, Schweinshaxe, Brot, Brötchen, Kuchen, Stollen oder Aufläufe. Dank der Granitplatte ist es sogar möglich, ein Rumpsteak darin zu braten. Hier sind den Ideen keine Grenze gesetzt!

Es macht großen Spaß, mit dem Variieren der Zutaten zu spielen. Was gibt es Schöneres, als im selbst gebauten Steinbackofen eine leckere Mahlzeit nach eigenen Vorstellungen und Zutaten zuzubereiten und einen gelungenen Backtag gemütlich mit Familie und Freunden enden zu lassen!!!

Alle Fotos: Eva Mölter

1

6 Aus dem Leben eines Eigen-Brötlers

Aufgezeichnet von Claudia Ladener, ergänzt von Pius Kopp

Unser täglich Brot gib uns heute

Brot ist nicht nur in den christlichen Kulturen mehr als ein essbares Gemisch aus Getreide, Wasser, Salz und Hefe – es ist ein Symbol für Fruchtbarkeit, Freundschaft und Familie.
Zum Brot kam *Eigen-Brötler* Pius Kopp auf Umwegen. Davor arbeitete der Familienvater als Bautechniker, saß in seinem Heimatort im Gemeinderat sowie im Bauausschuss und war Vorsitzender von SPD und AWO.
Die Erkenntnis, wie weit wir Menschen heute von der Natur entfremdet sind und durch unzählige unsichtbare Giftstoffe in allen gebräuchlichen Materialien krank, löste einen langen Denkprozess bei ihm aus. Der führte letztlich dazu, dass sich Pius Kopp von seinem bis dahin bürgerlichen Leben verabschiedete und für sein weiteres Leben Freiheit statt Sicherheit wählte.
Der Bau eines Lehmofens für den BUND (Bund für Umwelt- und Naturschutz) und gemeinsame Seminare mit einem Bäckermeister faszinierten Pius Kopp derart, dass er beschloss, künftig ein „Leben mit allen Sinnen" zu führen und gewissermaßen das Große im Kleinen zu suchen. Drei Kriterien – einfach, natürlich und selbermachen – wurden seine Leitmotive. Die Achtung vor den Geschenken der Natur verband sich mit dem Bedürfnis, durch eigener Hände Arbeit die Dinge wahrzunehmen und zu begreifen. Hinzu kam der Wunsch, genussvoll und unverfälscht zu essen. Pius Kopp entwickelte sich zum Hobbykoch für traditionell Hausgemachtes. „Man muss sehen, was man isst, und wissen, was im Essen drin ist", sagt er, „und beim selbstgebackenen Brot, unserem Hauptnahrungsmittel, kann ich dies am besten praktizieren".
So wurde aus dem politischen Kämpfer ein philosophierender Humanist, ein *Eigen-Brötler* aus Berufung, einer, der sich als jemanden versteht, der seinen eigenen Weg geht, immer unterwegs ist - *dahinmeandern* nennt er das.
Träume sind Schäume sagt der Volksmund, nicht aber Pius Kopp. Er träumte von einem fahrbaren, funktionstüchtigen Backofen und machte sich daran, seinen Traum zu verwirklichen. Im Brotmuseum in Ulm hatte er auf einem Kupferstich aus dem 15. Jahrhundert einen fahrbaren Backofen gesehen (siehe Kap. 1, Seite 22, Abb. 39) und er, vom Mittelalter bis ins Mark beeindruckt, fand fortan keine Ruhe mehr, bis er auch ein solches Gefährt gebaut hatte.
So sind sie ab und zu gemeinsam auf Achse, Pius Kopp und sein mobiler Backofen. Ob er damit auf Märkten und Festen Köstlichkeiten wie gebratene Forellen, Hähnchen, Pizza, Flammkuchen oder *Bodensee-Lasagne* (Nudel-Bohnen-Auflauf) zaubert, ob er mit Kursteilnehmern am warmen Ofenfeuer gemütlich plaudert, den herrlichen Duft frischen Brotes in der Nase, ob er mit Kindern einen Backofen auf dem Schulhof baut, sie

2 Eigen-Brötler Pius Kopp

Getreide mahlen lässt, Teig kneten, und sie so spielerisch mit uralten Erkenntnissen vertraut macht, immer ist ihm daran gelegen, *handfeste* Anstöße zur Veränderung zu geben.

Eigen-Brötler Kurse

Der *Eigen-Brötler* bietet nicht nur Kurse und Seminare zum Selbstbau holzbefeuerter Backöfen an. Im Vordergrund seines Schaffens stehen Bau und Renovierung von Backhäusern überall da, wo er sich gerade befindet oder wo er hingebeten wird. So hat er nicht nur eine erhebliche Zahl alter Backhäuser auf Schwarzwaldhöfen zu neuem Leben erweckt, sondern auch in einem italienischen Kloster den großen Ofen restauriert und der Brotbäckerei der Mönche wieder auf die Beine geholfen. *Der Backofenbau ist eine sehr schöne Arbeit,* meint er, *aber das Schönste daran sind die Einweihungsfeste und das Selbstgebackene.* Und wenn er dann mit anderen Cum-Panen (*cum pane*, lat. das Brot teilen) um den Backofen sitzt und die Wärme und das flackernde Ofenfeuer genießt, dann lassen sich zudem trefflich Geschichten erzählen. Unnötig zu sagen, dass Pius auch darin zum Meister geworden ist.

Pius Kopps Eigenbrötler-Seminare sind fast immer ausgebucht. Vielleicht deshalb, weil die Menschen ahnen, wie viele elementare Bedürfnisse da befriedigt werden können, die in der heutigen Zeit, in der die Seele so oft hinter dem rasanten Lebenstempo hinterher hastet, meist viel zu kurz kommen. Die Kursteilnehmer können bei ihm lernen, wie sich auf einfache Art und in kurzer Zeit ein eigener Backofen aus Lehm oder Ziegelsteinen bauen lässt. Der wird dann vielleicht neuer Mittelpunkt im Garten, ganz in der Tradition von früher, wo die Backhäuschen Orte des geselligen Beisammenseins waren, am warmen Feuer und mit dem herrlichen Duft von Frischgebackenem in der Nase – Dasein mit allen Sinnen eben.

Im Grunde ist alles ganz einfach, sagt er. Zum Gelingen genügt es, sich die vier Lebenselemente zunutze zu machen und dabei die richtige Reihenfolge einzuhalten:

- Zum Bau eines Backofens nehme man *Erde* in Form von Lehm, und füge Wasser bei, damit sie

3 bis 5
Nach dem Ofenbau wird gebacken.

sich formen lässt. Durch das Trocknen an der *Luft* bekommt der Ofen eine beständige Form, die durch das *Feuer* seine Festigkeit erhält.

Auch das Brotbacken folgt dieser Rezeptur, an deren Reihenfolge sich nicht rütteln lässt:

- Als erstes muss das aus der *Erde* kommende Getreide gemahlen werden. Dann wird *Wasser* zum Mehl geschüttet und kräftig *Luft* hineingeknetet, auf dass durch die Gärung ein ordentlicher Teig entstehe. Durch die in den Wänden gespeicherte Wärme des *Feuers* verwandelt sich dann der zähe, fahle Teig in ein duftendes Brot, außen goldbraun knusprig und innen luftig locker.

So bringt Eigen-Brötler Pius den Menschen über seine Brot-, Back- und Esskultur ein erhaltenswertes Stück Vergangenheit in die Gegenwart – für eine bessere Zukunft.
Im Folgenden blättert er in seinem Fotoalbum, will teilhaben lassen an der Vielfalt seiner Erlebnisse mit Backöfen und dem Bau derselben, in der Hoffnung, dass vielleicht ein Funken seiner Begeisterung überspringt.

Einfache Lehmbacköfen

Die ältesten Backöfen der Welt waren aus Lehm gebaut. Lehm gab es früher in Lehmgruben, die sich am Rande vieler Dörfer befanden. Heute ist es meist einfacher, sich für ein paar Euros Rohlinge bzw. Trockenbruch aus einer Ziegelei zu besorgen. Das sind Lehmquader für Wand- oder Dachziegel, die noch nicht gebrannt, aber schon gepresst sind. Der Trockenbruch wird zerkleinert in einer Wanne mit Wasser eingeweicht, bis er sich zu einem Lehmbrei aufgelöst hat. Fast immer muss noch etwa die gleiche Menge Sand dazugegeben werden, sonst ist der Lehm zu tonig und reißt. Inzwischen gibt es auch Hersteller für Fertigmischungen, so dass es möglich ist, den Lehm vermischt mit Sand als Sackware im Naturbaustoffhandel zu bekommen. Der muss dann nur noch mit der angegebenen Menge Wasser verrührt werden.
Während eines Wochenendkurses im Schwarzwald haben wir zwei Lehmöfen gebaut. Die Abb. 6 bis 13 zeigen einen ganz einfachen Ofen, reine Bauzeit etwa eine Stunde mit zwei Personen. Er wurde, wie der

6

7

8

6 bis 13
Bau eines einfachen Stroh-Lehm-Ofens mit einem Kreuzgeflecht aus Weiden- und Haselnussruten.
Fotos: C. Ladener

14 bis 18
Bau eines Ofens aus eingesumpften Lehmrohlingen als Arbeitsprobe. Herstellung des Gewölbes mit Hilfe eines „verlorenen" Styroporkernes.
Fotos: C. Ladener

andere Ofen auch, im Kurs als Arbeitsprobe gebaut, um zu zeigen, in welch kurzer Zeit solch ein ursprünglicher Ofen gebaut werden kann. Dieser Ofen lässt sich auch sehr gut mit kleinen Kindern herstellen, denn gerade die brauchen ja schnell ein Erfolgserlebnis und haben viel Spaß, mit Lehm herumzumatschen.

Dem Lehm wird zur Armierung faseriges Material zugemischt, Stroh, Heu, Gerstengranen, einen Jutesack oder was auch immer gerade da ist, möglichst langes, faseriges Material, das auch nachgibt. Wir haben Stroh, vermischt mit Lehm, ein paar Stunden eingeweicht, damit es den Lehm besser aufnimmt, und dann Stroh-Lehm-Stränge geformt, wie sie auf Abb. 6 zu sehen sind und damit den Ofen geformt.

Idealerweise hat ein Backofen die Form eines vergrößerten Brotlaibes. Dieser einfache Lehmofen hat eine Außenlänge von etwa 60 cm und ist ca. 40 cm breit, bei einer Wandstärke von 10 bis 15 cm Dicke. Die Unterlage sollte eben und sauber sein, natürlich aus feuerfestem Material bestehen, denn darauf wird ja das Feuer errichtet. Es können alte Backsteine sein oder

Natursteine, einfach das, was gerade zur Hand ist.
Günstigerweise – anders als auf den Bildern – wird der Ofen auf einem Arbeitspodest aufgebaut, also hinreichend erhöht, um nicht so nahe am Boden werkeln zu müssen.
Um die Ofenform vorgeben zu können, haben wir ein Gerüst aus frischgeschnittenen Weidenstöcken und Haselnussruten gebaut. Die sollten möglichst zu einem Kreuzgeflecht gebogen werden (Abb. 9 und 10). Die etwa 60 cm langen Stroh-Lehm-Wickel werden dann so eng wie möglich mit dem Astgerüst verbunden, am besten von oben und auch von unten, so dass keine Hohlräume entstehen und die Wandung etwa gleichmäßig 10 bis 15 cm dick ist. Das Verstreichen geht gut – und macht auch viel Spaß – wenn die Hände immer angefeuchtet sind. Zum Schluss kann der Ofen noch schön verziert werden, z.B. mit Steinchen, wie es auf Abb. 13 zu sehen ist, also da sind der Fantasie keine Grenzen gesetzt.
Bevor im Ofen gebacken werden kann, muss der Lehm erst einmal trocknen. Natürlich kann noch ein Schornstein eingebaut werden, damit der Rauch komfortablerweise nach oben abzieht und nicht durch das Feuerloch entweicht. Backen ist aber auch so möglich. Damit der Ofen nun schneller von innen trocknet, können wir mit einem Feuerchen nachhelfen. Von außen wird er innerhalb weniger Sonnentage von selbst trocken und schon kann z.B. ein leckerer Kirsch- oder Käseauflauf in ihm gebacken werden.
Das Bauprinzip ist bei dem größeren Ofen (Abb. 14 bis 18) ähnlich, wir benötigen wieder Lehm, Sand, Wasser dazu und haben Stroh-Lehmwickel vorbereitet (Abb. 14). Statt des Rutengeflechts wird hier ein Kern eingeschoben, der die gewünschte Form des Backraumes hat und später, wenn der Lehm getrocknet ist, wieder entfernt werden kann. Früher wurde der Kern aus Sand geformt, wir haben in diesem Fall ein Halbzylinder aus Styroporplatten gefertigt, der auf der hinteren Seite abgerundet ist, um dem Feuerungsraum möglichst nach vielen Seiten eine gewölbte Form zu geben. Später, wenn der Lehm angetrocknet ist, wird die Holzlatte herausgezogen (Abb. 18).

14

15

16

17

18

Der Styroporkern fällt nach unten und kann problemlos herausgezogen werden. Das Gewölbe stürzt nach dem Trocknen nicht mehr zusammen.
Dieser Ofen ist etwa so groß wie die Holzpaletten, auf denen er steht, also etwa 80 cm breit und 120 cm lang, mit einer Wandstärke von ca. 10 bis 15 cm Dicke. Auch dieser Ofen wurde mit den Kursteilnehmern nur gebaut, um das Prinzip deutlich zu machen, denn statt des Holzpalettenaufbaus gehört natürlich feuerfestes Material darunter.
In der Abb. 15 sind im Vordergrund die Lehmrohlinge zu sehen, die in Ziegeleien erhältlich sind. Sie werden, wie schon gesagt, zerschlagen und in Wasser eingesumpft, im Prinzip ist es ein Recycling-Vorgang, denn ungebrannter Lehm ist ja prima wiederzuverwenden.
Bei dieser Arbeitsprobe haben die Kursteilnehmer auch geübt, wie aus alten Backsteinen oder entsprechend aus Lehmsteinen ein Gewölbebogen gebaut werden kann (Abb. 16 und 17). Das Prinzip besteht darin, dass die Ziegel so gelegt werden, dass ihre Neigung immer zur Mitte ausgerichtet ist (Abb. 17, als Winkelmesser dient hier eine Holzlatte). Dieser Neigungswinkel ergibt sich ganz einfach durch die Unterfüttung der Ziegel mit einer mehr oder weniger dicken Mörtelschicht aus Lehm. Auf diese Weise könnte auch die gesamte Form als Gewölbe im Verband gemauert werden.
Abb. 18 zeigt, dass oben eine Aussparung vorgegeben ist, in die ein altes Ofenrohr für den Rauchabzug eingesetzt werden könnte. Wäre der Styroporkern entfernt und würde der Ofen auf Steinplatten ruhen, wäre er nach dem Trocknen als Pizzaofen oder für die Zubereitung ähnlicher Speisen schon funktionstüchtig. Um Brot darin backen zu können, müsste allerdings noch eine Ofentür eingesetzt werden. Die Tür kann samt Rahmen und Scharnier im Baumarkt gekauft oder vom Schlosser aus Stahl angefertigt werden. Dies geschieht am besten, bevor der Ofen gebaut wird, dann ist klar, wie groß die Öffnung vorne sein muss. In das Gewölbe wird dann vorne ein Falz eingearbeitet, in den der Türrahmen eingepasst wird. Das Loch für den Rauchabzug (eckig oder rund), sollte, wie in Abb. 18 zu sehen, wegen des Feuerungseffektes vorne im Bereich der Türöffnung liegen, nicht hinten. Denn vorne tritt der Sauerstoff ein, durchströmt mit der Flamme den Ofen bis nach hinten und tritt dann vorne als Rauch wieder aus. Wäre das Rauchabzugsloch hinten, würde der Rauch schon austreten, bevor sich die Decke erwärmt hat.
Die Abb. 19 bis 21 zeigen einen Backofen, der ebenfalls mit Kursteilnehmern gebaut wurde. Sein Unterbau ist aus Betonteilen gefertigt, der Backraum aus Schamotte-Formteilen, die in Italien zum Pizzabacken preiswert in Baumärkten erhältlich sind. Es empfiehlt sich, beim nächsten Italienaufenthalt nicht nur Wein und Olivenöl mit nach Hause zu nehmen, son-

19 bis 21
Von Kursteilnehmern gebauter, noch unfertiger, aber schon gebrauchstüchtiger Backofen, mit einem Unterbau aus Beton-Fertigteilen und einer mit Lehm unhüllten Feuerungskammer aus italienischen Schamotte-Formteilen. Fotos: C. Ladener

dern auch einen Backofenbausatz. Die Schamotteteile wurden mit Lehm verputzt, ein altes Ofenrohr dient zur Rauchentlüftung. Die als Tür dienende Blechplatte mit Griff (Abb. 20) wird während des Backens einfach vor die Öffnung gestellt. Auch dieser Ofen ist noch ein Provisorium, im Moment wird er, wie auf den Fotos zu sehen ist, nur durch eine Blechabdeckung vor Witterungseinflüssen geschützt. Er soll jedoch stehen bleiben und künftige Kursteilnehmer mit knusprigem Brot und leckeren Aufläufen versorgen, nachdem er einen wärmedämmenden Überzug und ein ordentliches Dach erhalten hat. Er wurde zur Sommerzeit aber auch schon in seinem provisorischen Zustand ausgiebig eingesetzt: 14 Brote konnten im Ofen (Innendurchmesser etwa 90 cm) auf einmal gebacken werden und danach auch noch die gleiche Anzahl an Hähnchen im Lehmteig für die Kursteilnehmer.

Größere Backöfen

Der Kupferstich mit dem fahrbaren Backofen aus dem 15. Jahrhundert, den ich im Ulmer Brotmuseum gesehen hatte (Seite 22), beschäftigte mich lange und ich dachte, es könnte mir gefallen, in der warmen Jahreszeit ab und an mit einem kleinen fahrbaren Backofen durch die Dörfer zu ziehen und auf Festen Pizza o.ä. anzubieten. Backen als Gemeinschaftserlebnis hat mich schon immer fasziniert, gerade auch die Wärme, der Duft, der Anblick des Feuers, es gibt einfach sehr viel soziale und sinnliche Elemente beim Backen. Und wer hat die Sehnsucht nicht, wenn er mal tiefer in sich hineinhört, warm und geborgen inmitten einer Gemeinschaft zu feiern und genau diese Sehnsucht lässt sich damit befriedigen.

Ich hatte mal im Winter auf einem Bauernhof die Aufgabe übernommen, das alte Backhaus wieder herzurichten. Während ich das Backhaus renoviert habe, baute ich nebenbei, wenn das Wetter schlecht war, in der Scheune an einem fahrbaren, holzbefeuerten Backofen, mit einem Häuschen darüber. Grundelement des fahrbaren Backofens waren Formteile eines italienischen Pizzaofens. Die habe ich rundum wärmegedämmt, dann in Lehm eingepackt und eine Holzkonstruktion mit schindelgedecktem Dach, aus dem der Schornstein aufsteigt, darüber gebaut (Abb. 22). Der Ofen stand auf einem stabilen, selbstgebauten Auto-Anhänger aus Stahl (Abb. 23) und ist mit Sondergenehmigung TÜV-zugelassen. Den habe ich an mein Auto angehängt und bin damit von Fest zu Fest gefahren. Durch die Erschütterungen beim Fahren sind die beiden ersten Öfen schnell rissig geworden. Mein zweiter fahrbarer Ofen war ganz aus Lehm gebaut und wunderschön, aber das Problem waren auch hier wieder die Erschütterungen. Als dritten Ofen habe ich dann einen aus Formteilen gebaut und den fertigen Ofen mit

22

23

22 und 23
Fahrbares Backhäuschen, TÜV-zugelassen

24

24
Mobiler Backofen in Griechenland, aus Lehm gebaut

25

26

27

28

Eisengeflechtarmierung und einem Kalk-Zement-Putz überzogen. Der hält einige Erschütterungen aus. Der Ofen in Abb. 24 ist aus Lehm hergestellt und fährt irgendwo in Griechenland herum.
Die Abb. 25 und 26 stammen von einem meiner ersten VHS-Wochenendseminare zum Thema Eigen-Brötler auf einem Bauernhof bei Villingen, wo wir verschiedene Öfen probehalber aufgebaut haben. Bei dem abgebildeten Ofen wurde das Gewölbe für den Feuerungsraum mit Baustahlmatten vorgeformt und dann mit Strohlehmsträngen ummantelt. Die Abb. 27 und 28 zeigen zwei Öfen, die wir aus Schamotte-Formteilen aufgebaut haben, bei dem in den Abb. 29 und 30 gezeigten Ofen haben wir den gewölbten Feuerungsraum aus alten Backsteinen hergestellt, und ihn anschließend außen noch mit einer Lage Lehm überzogen. Es war Ziel des Seminars, zu zeigen, dass man zum Bau von Gartenbacköfen oftmals mit vorhandenen Baustoffen vorlieb nehmen kann. Deshalb sind auch hier keine fertigen Öfen entstanden, sondern es sind wieder Arbeitsproben, bei denen die Kursteilnehmer lernen konnten, wie der prinzipielle technische Aufbau eines Ofen sein muss. Außerdem konnten sie ein wenig handwerkliches Geschick üben.

29

30

25 bis 30
Eigen-Brötler-Wochenendseminar auf einem Bauernhof bei Villingen: Arbeitsproben für Backöfen mit verschiedenen Materialien und Bautechniken

25 und 26: Lehmofen

27 und 28: Feuerungsraum aus Schamotte-Formteilen

29 und 30: Feuerungsraum aus alten Backsteinen

Gemauerte Backöfen im Haus

Die beiden Backöfen auf den Abb. 31 bis 37 sind zwar nicht für den Garten gebaut, sie zeigen aber gut, dass, ob drinnen oder draußen, die Konstruktion jeweils das gleiche Prinzip zur Grundlage hat. Auch diese Öfen sind vorwiegend aus Materialien gebaut, die gerade zur Hand waren. Auf den Abb. 31 bis 34 ist ein Ofen zu sehen, den ich in Südfrankreich für ein Vereinsheim gebaut habe. Er dient hauptsächlich zum Heizen, ist aber auch zum Backen geeignet. Wie Abb. 33 zeigt, habe ich gleich auch noch ein Warmhaltefach für Teller oder Speisen eingebaut und den gesamten Ofen mit einem mineralischen Putz überzogen (Abb. 34).
Bei dem großen Brotbackofen (Abb. 35 bis 37) in einem Franziskanerkloster in Italien habe ich altes Baumaterial wiederverwertet und den Unterbau sowie den Feuerungsraum aus Backsteinen bzw. aus Natursteinen gemauert. Um die Gewölbeform vorzugeben, benutzte ich hier eine Schablone aus Dachlatten und Spanplatten, die nach dem Aufmauern wieder entfernt wurde. Der hintere Teil des Feuerungsraumes wurde rund gemauert.

31

32

33

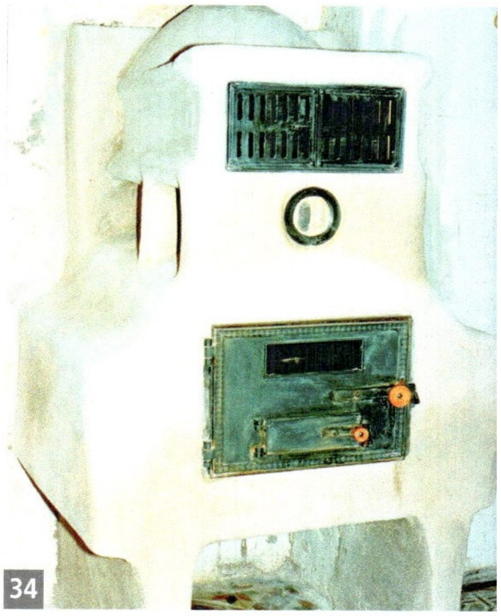
34

35

36

37

31 bis 34
Gemauerter Backofen mit Warmhaltefach in einem Vereinsheim, Südfrankreich

35 bis 37
Restaurierung des Brotbackofens in einem Franziskanerkloster, Italien

Gartenbacköfen aus Formteilen

Bei dem Gartenbackofen (Abb. 38 bis 47) besteht die Feuerungskammer aus Schamotte-Fertigteilen. Dieser Ofen steht nicht auf einem Sockel oder Unterbau, das war hier nicht nötig, da er in einen Hang eingebaut werden konnte, so dass eine vorteilhafte Arbeitshöhe von 80 bis 90 cm gegeben war. Der Hauseigentürmer musste dazu einfach nur ein Stück des angrenzenden Wiesenhügels ausheben. Als Fundament für den Ofen habe ich eine Betonplatte gegossen und darauf eine etwa 10 cm starke Isolierschicht aus Liapor (Blähton) aufgebracht, damit die Wärme nicht nach unten entweichen kann. Durch die anstehende Wiese muss die Isolierschicht nur durch je ein Schalungsbrett vorne und seitlich an Ort und Stelle gehalten werden. Als Rieselschutz für die darüberliegende Sandschicht habe ich eine Alufolie benutzt, die ebenfalls dazu beiträgt, dass die Wärmeabstrahlung nach unten verhindert wird. Das etwa 2 bis 3 cm dicke Sandbett dient als Ausgleichsschicht, in die die Bodenplatte der Feuerungskammer eingelegt wird. Es ist gut, wenn die Sandschicht hinten etwas höher ist, so dass die Schamotteplatte ein klein wenig nach hinten ansteigt (2 bis 4%). Die leicht schräge Lage hat feuerungstechnisch den Vorteil, dass das Holz besser abbrennt. Die Formteile der Feuerungskammer wurden mit Lehm- oder Schamotte-Mörtel verbunden (Abb. 41 und 42), der Ausschnitt für den Ofenrohr-Einsatz war wieder vorgegeben (Abb. 42).

38 bis 47
Bau eines Backhäuschen mit Feuerungskammer aus Schamotte-Fertigteilen

38

39

40

41

42

43

44

45

46

47

Der Innendurchmesser der Feuerungskammer betrug etwa 65 cm. Die Schamotteteile kosteten rund 600 €, ohne Tür natürlich, die kann unter Umständen schon alleine fast 300 € kosten.
Dann passte ich den Rahmen der Ofentür ein (Abb. 43), einen gusseisernen Rahmen, im Fachhandel gekauft, mit einer Heizungstür. Diese Türen sind in der Regel preisgünstiger als Backofentüren. Die Vorderseite verblendete ich mit Natursteinen (Abb. 43 ff), zur seitlichen Wärmedämmung wurde Liapor eingeschüttet und der obere Bereich sorgfältig mit einer Lage hochwärmebeständiger Steinwolle isoliert. Danach habe ich die Verblendung weiter hochgemauert (Abb. 44) und den Kaminstutzen in das ausgesparte Loch in der Feuerungskammer eingesetzt. Der Backofen ist oben mit Steinplatten plan abgedeckt (Abb. 45). Hier können später Backgut und Bleche abgestellt werden. Das Fach rechts hat übrigens keine festgelegte Funktion, es ist einfach praktisch, wenn es in der Nähe des Ofens ausreichend Abstellflächen gibt. Zum Schluss erhielt der Ofen noch ein Dach mit schönen alten Biberschwanzziegeln, damit alle Vor- und Rücksprünge und die Abstellflächen bei Regen trocken bleiben (Abb. 46 und 47).

Die Abb. 48 bis 55 zeigen einen Ofen, den ich auf einem Bauernhof bei St. Georgen im Schwarzwald gebaut habe. Er kann etwa 16 Brote fassen. Der Unterbau aus Feldsteinen ist auf einer Bodenplatte aus Beton errichtet. Der Ofenaufbau aus Formteilen erfolgt ähnlich

wie bei dem vorher beschriebenen Ofen. In diesem Fall bestand der Schamotte-Bausatz aus Platten, die Form des Grundrisses war ein Achteck. Für den Boden, der nicht zum Bausatz gehörte, habe ich Schamotteplatten zugeschnitten und nachträglich auf einer Sandschicht eingepasst (Abb. 50 u. 51). Die Platten sind versetzt Stoß an Stoß angeordnet. Außenherum ließ ich eine ca. 2 cm breite Dehnfuge stehen, damit es keine Spannungen gibt, wenn sich das Material infolge der Hitze ausdehnt. Die umlaufende Fuge ist mit Sand ausgefüllt und mit Lehmmörtel verstrichen. Dann habe ich den Feuerungsraum außen mit Blähton (Liapor) wärmegedämmt und zur Probe ein Feuerchen entfacht.

Als nächstes wurde der Kamin gemauert. Er ist mit einem Blechschieber versehen, so dass die Wärme gehalten werden kann, wenn der Ofen mit Backgut bestückt und die Ofentür geschlossen ist. Der Sperrschieber muss aber geöffnet sein, solange das Feuer im Ofen brennt, damit die Rauchgase entweichen können. Zum Schluss habe ich die Backofentür eingehängt (der Rahmen ist mit eingemauert, vgl. Abb. 53), den gesamten Ofenaufbau mit mineralischem Putz versehen und auf den Kamin ein kleines Dach aufgesetzt, damit es nicht hereinregnen kann (Abb. 55).

48 bis 55
Bau eines Backofens (Fassungsvermögen 16 Brote) auf einem Bauernhof bei St. Georgen, Schwarzwald

Restaurierung eines Backhauses

Ein typisches Schwarzwälder Backhaus, wie es früher zur Eigen-Versorgung auf jeden größeren Bauernhof gehörte, war Überbleibsel neben einem neu erbauten Landhaus aus Massivholz in Erdmannsweiler bei Königsfeld (Abb. 59).
Der Besitzer des Backhauses stand vor der Frage, das Backhaus abzureißen oder möglichst wieder in den Original-Zustand zu versetzen. Von Innen – durch die Ofentür-Öffnung betrachtet – zeigte die Gewölbedecke etliche dicke Risse und einige Steine waren herausgebrochen.
Nach gründlicher Begutachtung erklärte ich mich bereit, unter tatkräftiger Mithilfe vom Vater des Besitzers, das Backhaus wieder herzurichten.
Zunächst wurde das alte, mindestens 100 Jahre alte, Stroh-Lehm-Gemisch von der Gewölbedecke entfernt, um das aus früher üblichen „Backsteinen" mit Lehmmörtel gemauerte Gewölbe freizulegen. Bald stellte sich heraus, dass ein Großteil der Backsteine mürbe und brüchig und dadurch die Stabilität der Decke nicht mehr gewährleistet war. So nahmen wir Stück für Stück alle Steine bis auf die Bodenplatten heraus und sortierten sie nach guter und schlechter Ware.
Etwa ein Drittel der Steine war wieder verwendbar. Das restliche Tonmaterial wurde später als statisch unbedeutsames Auffüllmaterial zum Einsatz gebracht (Abb. 57 bis 60).
Da ein neuer Gesamtaufbau des Gewölbes geplant war, beschlossen wir aus wirtschaftlichen Gründen den Backofen von bisher 2,50 m Tiefe auf nun 1,60 m zu verkürzen. Die Breite von 1,25 m behielten wir bei.
Nach Grundrissfestlegung und baulicher Sicherung des Gewölbefundamentes wurde mit Lehm-Mörtel der Neuaufbau begonnen: Im unteren Bereich (die ersten 6 – 8 Lagen) hauptsächlich mit den alten Backsteinen, immer schön im Verbund verlegt und in den Abrundungen (hinten links und rechts) mit kürzeren Stücken, die wir der Flex zugeschnitten hatten (Abb. 62 und 63). Der obere Bereich des Gewölbes wurde aus neuen Schamottesteinen gleichen Formats aus dem Baumarkt gemauert.

Abb. 56 bis 60
Istzustand und Sichtung, was noch gut und erhaltenswert ist.

62

63

64

65

66

67

68

69

70

71

72

Für den Bogen wurde kurzfristig eine Schablone aus Styropor verwendet (Abb. 64).
Wichtig war, die bisherige Form und wärmetechnisch optimale Maßstäblichkeit beizubehalten. Schwierig war im vorderen Bereich der Anschluss an den stehengelassenen Rundbogen der Ofentüre. Die Rauchzüge wurden fast gleich wie im ursprünglichen Ofen gemauert (Backofentyp siehe Seite 25, Abb. 4e und Seite 43, Abb. 43).
Es folgte der Einbau der rauchregulierenden Eisenschieber sowie der Aufbau des Kamins mit den alten Backsteinen (Abb. 66 bis 71).
Die Gewölbedecke wurde mit Liapor-Tonkügelchen wärmegedämmt (Abb. 72).
Das Dachgebälk musste teilweise erneuert werden. Eingedeckt wurde es mit alten Biberschwanzziegeln. Ich vermauerte noch die Fachwerk-Außenwände und verlegte Sandsteinplatten als Bodenbelag im Eingangsbereich.
Ein passender Verputz der Außenwände verhalf dem Backhaus in Erdmannsweiler wieder zu einem freundlichen Aussehen und fortan einer Nutzung nach traditioneller Art des Brotbackens (Abb. 73 und 74) .
Seit 7 Jahren wird nun regelmäßig wieder Holzofen-Brot gebacken und zuweilen auch mit Freunden eine Pizza oder Schwarzwälder Flammkuchen (Abb. 75).

Text: Pius Kopp
Fotos 22 - 55: Pius Kopp
Fotos 56 - 75: Jörg Messerschmidt

73

74

75

Lehm – Feuer – Brot

Bilder von Backofen-Selbstbau-Seminaren mit Eigen-Brötler Pius Kopp.

Fotos: 76 - 78 und 80 - 88: Silke Trunk
Fotos 79 und 90: Pius Kopp;
Foto 89: Bernhard Keller

76

77

78

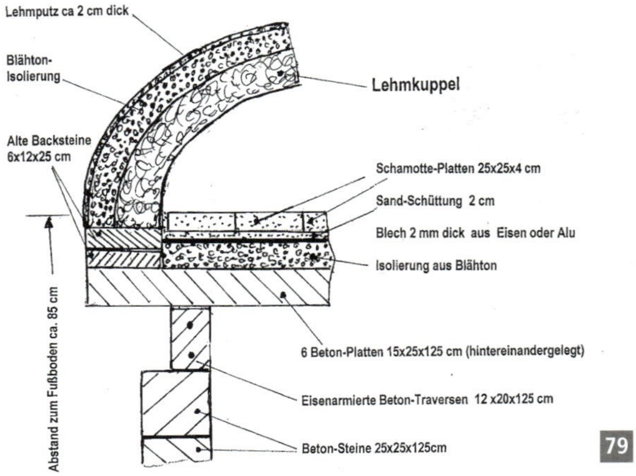

79

80

81

82

83

84

85

86

87

88

Selbstbau-Seminare

Wer lernen möchte, wie man einen Holzbackofen aus Lehm oder alten Ziegelsteinen baut und darin Brot, Pizza und Braten zubereitet, dem schickt Pius Kopp gern sein Seminarprogramm zu.
Email: pikopp@web.de

89

1

7 Bau eines Lehmbackofens mit Kindern

Sigurd Kindel

Um mit Kindern im Rahmen eines Ferienprojektes einen Backofen bauen zu können, wurde eine Bauform entwickelt, deren Arbeitsablauf dem Leistungsvermögen von Kindern entspricht. Der gesamte Aufbau erfolgte innerhalb eines Zeitraumes von 3 bis 5 Wochen. Der Backofen besteht aus einem Lehmgewölbe, das über einem Sandkern geformt wird.
Der Innendurchmesser beträgt 0,7 m. Die Abmessungen von Backfläche und Feuerungsöffnung wurden so gewählt, dass im Ofen auch Kuchenbleche in handelsüblicher Größe verwendet werden können.

Fundament

Der Backofen muss auf einem trockenen Untergrund stehen. Gut geeignet ist eine Betonfläche. Bei einem trockenen Sandboden können auch schon dicht aneinander gelegte Betonstücke oder Feldsteine ausreichend sein (Abb. 2 und 3). Günstiger wäre ein ca. 50 cm aus dem Erdboden herausragender Unterbau, mit dem die Bedienung des Ofens leichter und die Gefahr von Verbrennungen bei der späteren Handhabe des Ofens geringer wird.

Sockel

Auf dem Sockel wird eine Schicht flach liegender Mauerziegel oder Schamottesteine in Form der vorgesehenen Backfläche mit Lehm verlegt. Ziegel aus moderner Produktion sollten nicht verwendet werden, da sie wegen ihres dichten Gefüges bei ungleichmäßigem und schnellem Erhitzen zerbrechen. Gut geeignet sind Ziegel vom Abriss eines alten Gebäudes (Abb. 4).

Baulehm, Backfläche

Zu den Eigenschaften des in den unterschiedlichen Bauabschnitten verwendeten Baulehmes können hier nur einige grundlegende Hinweise gegeben werden. Fertige Rezepturen für das Mischen von natürlich vorkommendem Lehm mit Sand sind nicht möglich, da der Lehm in vielen verschiedenen Varianten existiert. Grundsätzlich dürfen während des Trocknens des

2

4

5

6

7

Baulehmes nur wenige Risse entstehen. Diese beeinträchtigen die Festigkeit nicht und können im weiteren Arbeitsablauf geschlossen werden. Der trockene Lehm muss so fest sein, dass er sich nicht mit den Händen zerreiben lässt.
Sobald der Lehmmörtel unter den Ziegeln ausreichend fest ist, wird auf der Backfläche eine Form für den Innenraum des Backofens aus Sand angefertigt. Die Anfertigung erfolgt mit Hilfe einer Schablone in der gleichen Weise wie die Herstellung des Gusskernes einer Kirchenglocke. Anschließend wird die erste Lehmschicht, die den Backraum bildet, in einer Stärke von 8 bis 10 cm auf den Sandkern aufgebracht. Dieser Lehm enthält wenig oder kein Stroh und soll so fest sein, dass er sich gerade noch gut formen und verdichten lässt (Abb. 5).
Während der Zeiten, an denen am Ofen nicht weitergearbeitet wird, muss er mit einer Abdeckplane vor Witterungseinflüssen, besonders Regen, geschützt werden. Die Plane sollte mit einigem Abstand zum Ofen angebracht sein, um das Durchnässen des Lehmes mit Kondenswasser zu verhindern. Um eine Belüftung des Ofenaufbaues zu sichern, darf die Plane nicht dicht auf dem Erdboden aufliegen. Sie kann tagsüber entfernt werden, um das Trocknen zu beschleunigen. Bei starker Sonnenbestrahlung muss aber ungleichmäßiges Trocknen und die damit verbundene starke Rissbildung vermieden werden.

Feuerungsöffnung

Die Feuerungsöffnung wird aus Ziegeln mit Lehmmörtel gemauert (Abb. 6). Sie sollte zum Backraum hin etwas geneigt sein, damit die später zum Backen notwendige Verschlussklappe sicher anliegt. Die Öffnung kann auch zusammen mit dem Bau des Gewölbes aus Lehm geformt werden, jedoch wird eine solche Öffnung später beim Heizen und Backen schneller Schäden aufweisen.
Als nächstes folgt eine Schicht aus Strohlehm in der gleichen Stärke wie die erste Lehmschicht (Abb. 7). Die Lehmmischung enthält etwa einen Eimer lockeren Strohes auf einen halbvollen Mörtelkübel mit Baulehm.
Der bisherige Aufbau muss nun so lange trocknen, bis sich der Lehm nur noch sehr schwer verformen lässt, aber noch nicht durchgetrocknet ist. Dann wird der Sandkern vorsichtig entfernt.

9

10

11

12

Wärmedämmung

Nun kann der Ofen zur besseren Wärmedämmung noch eine Schicht aus Strohleichtlehm erhalten (Abb. 8). Dazu wird zunächst ein fetter Lehm mit viel Wasser zu Lehmschlämme aufgerührt. Die Konsistenz sollte etwa der von Puddingsuppe entsprechen. Das Stroh wird kurzzeitig in die Lehmschlämme eingetaucht und danach auf einer Folie abgelegt. Nach einigen Stunden oder am nächsten Tag wird das weich gewordene Stroh in einer Schicht von 8 - 10 cm auf den bisherigen Ofenaufbau aufgetragen. Der Ofenaufbau sollte jetzt vollständig trocknen. Mit einem schwachen Holzkohlefeuer kann das Trocknen beschleunigt werden. Sobald die Gewölbebereiche aus Lehm trocken sind, kann mit einem schwachen Holzfeuer weitergeheizt werden.

Unterputz, Feinputz

Auf die trockene Wärmedämmung wird bei warmem Ofen der Unterputz in einer Stärke bis 3 cm aufgetragen. Dabei wird gleichzeitig die endgültige Form des Ofens festgelegt. Die Korngröße der Putzmischung ist hier noch nicht wichtig. Sie sollte bis 4 mm betragen, es können aber auch einzelne Steine bis 10 mm enthalten sein. Der noch plastische Putz erhält eine Bewehrung aus Jutegewebe, die mit weiterem geringem Lehmauftrag fest eingearbeitet wird (Abb. 9). Während der Putz trocknet, dürfen keine großen Risse entstehen. In geringer Menge lediglich an der Oberfläche sind sie noch vertretbar. Nach dem Trocknen des Unterputzes wird auf den wieder aufgeheizten Ofen der Feinputz aufgetragen und mit einem Schwamm sorgfältig geglättet. Die hierzu erforderliche Putzmischung hat eine Korngröße bis 2,5 mm. Das Mischungsverhältnis von Lehm und Sand muss so beschaffen sein, dass der Mörtel an einer Maurerkelle nicht klebenbleibt, wenn man ihn von ihr herabrutschen lässt. Bei einer Putzstärke bis 1 cm ist die Gefahr der Rissbildung sehr gering. Die Bearbeitung ist erst abgeschlossen, wenn der Putz fest ist und keine Risse mehr entstehen (Abb. 10).
Lehmbauwerke können durch das Einwirken größerer Wassermengen sehr schnell beschädigt werden. Deshalb ist ein Dach unbedingt erforderlich (Abb. 11 und 14). Es muss aber so gebaut werden, dass es von den beim Heizen aus dem Ofen austretenden Flammen nicht beschädigt wird.

Abb. 12 und 13 zeigen einen anderen Lehmbackofen, der von Kindern nach dem gleichen Prinzip gebaut wurde.

13

14

Werkzeuge

- Spaten
- Schaufel
- Sandsieb
- 3 - 5 Mörtelkübel (65 l)
- 8 - 10 Baueimer (10 l)
- Schubkarre
- Maurerwerkzeuge (Kellen, Quast)
- Maurerhammer
- Fäustel, Spalthammer
- Zollstock, Bleistift
- Wasserwaage, Richtlatte
- Schere
- Schwamm
- Rührgerät
- Trennschleifer mit Diamantscheibe
- Verlängerungskabel 50 m
- Akkuschrauber
- Säge
- Form für Feuerungsöffnung (2 Schablonen)
- Formwerkzeug für den Sandkern (Schablone und Eisenstab)
- Holzkeile
- Abdeckplane und Latten

Alle Fotos: Sigurd Kindel

Baumaterial

Je nach Bauform können einige der folgenden Materialien entfallen oder andere erforderlich sein, für einen stabilen Unterbau werden ggf. größere Mengen benötigt.

- 0,3 m^3 Beton
- 0,5 - 1 m^3 Lehm
- 1 m^3 Bausand (Körnung 0 - 2,5 mm, ungewaschen)
- 50 - 100 Stück Mauerziegel (oder Schamottesteine)
- 0,3 - 0,5 m^3 Feldsteine
- 3 - 5 Ballen Stroh, ca. 0,5 m^3
- 3 - 5 m^2 Jutegewebe
- Baumaterial für das Dach

Heizen und Brotbacken im Lehmbackofen

Vorsicht bei der Bedienung des Backofens: Vom Ofen geht bei unsachgemäßer Bedienung eine Unfall- und Brandgefahr aus. Sobald sich Feuer darin befindet, kann es vorkommen, dass Flammen aus der Feuerungsöffnung herausschlagen.

- Den Ofen 2 Stunden mit Buchenholz heizen, das Feuer hauptsächlich in der Backraummitte halten, die Glut im Ofen gleichmäßig verteilen, anfänglicher Rußansatz an der Ofendecke muss während des Heizens wieder abbrennen.
- Prüfen, ob die Backtemperatur erreicht ist (Mehl wird auf eine freigeschobene Fläche des Ofenbodens gestreut oder ein Papierstück wird dort hingelegt, es muss braun werden, darf jedoch nicht verkohlen oder verbrennen).
- Glut und Asche entfernen und die Ofensohle mit einem nassem Lappen reinigen.
- Brote anfeuchten und an der Oberseite einschneiden.
- Brote einschieben.
- Ofen mit einer Holz- oder Blechklappe verschließen.
- Nach einer halben Stunde kontrollieren, ob das Brot bereits ausreichend gebacken ist: sticht man einen ca. 10 cm langen Holzspan in das Brot, darf an ihm nach dem Herausziehen keine Teigschicht kleben. Weitere Prüfmöglichkeiten: Das Brot ist durchgebacken, wenn beim Beklopfen des Brotbodens das Klopfgeräusch hohl klingt; bei leichtem Drücken auf eine Schnittfläche darf keine bleibende Vertiefung zurückbleiben.
- Nach maximal ¾ - 1 Stunde die Brote herausnehmen.

Ofenzubehör

- Holz- oder Blechklappe
- Aschekasten oder Metalleimer
- Schaufel und Aschekratzer
- Besenstiel mit angebundenem Scheuerlappen
- Feuerlöscher
- Wassereimer
- Brotschieber
- Feuerholz (naturbelassenes Buchenholz)
- kleine Holzstücke zum Anheizen
- Feueranzünder
- Arbeitshandschuhe aus Leder

Backzubehör

- Wanne für Brotteig
- Unterlagebretter zum Brotformen
- Tücher zum Abdecken der ungebackenen Brote
- Ablagebretter für gebackene Brote
- Wasserschale
- Pinsel
- Messer
- Mehl

Der Backofen im Wangeliner Garten

Sigurd Kindel

Für Veranstaltungen mit Besuchern des Kräutergartens und für Seminare und Umweltbildungsprojekte wurde ein großer Lehmbackofen in Wangelin/Mecklenburg-Vorpommern gebaut (Abb. 21). Außer dem Backen von Brot, Kuchen und Pizza sollte der Ofen auch das Garen von Fleisch ermöglichen. Da hierdurch zu erwarten war, dass der Ofen während des Betriebes nachgeheizt werden musste, sollte sichergestellt werden, dass der Backraum nicht stark mit Rauchgasen beeinträchtigt werden würde. Deshalb wurde eine Bauweise gewählt, bei der sich die Feuerung unterhalb des Backraumes befindet. Die Abdeckung des Feuerraumes stellt gleichzeitig die Backfläche dar, über gemauerte Kanäle gelangt das heiße Rauchgas in den Backraum und heizt das Gewölbe auf.

Fundament

Das Fundament des Backofens besteht aus einer 20 cm starken Betonplatte mit eingelegten Baustahlmatten. Länge und Breite der Platte betragen jeweils 2,55 m. Die Platte wurde vor Ort über einer in den Erdboden eingebrachten Sandschicht angefertigt. Am Rand ist die Platte ringsum mit einem 20 cm hohen und 40 cm breiten Betonstreifen versehen. Der Betonrand

16

17

18

19

20

21

ragt aus dem Erdboden heraus und soll dem darüber aufzubringenden Lehm genügend Bodenfreiheit bringen. Während des weiteren Bauens diente der Rand außerdem der kippsicheren Befestigung der Stampflehmschalung. Die Betonplatte ist bruchfest, immerhin hat sie später eine Last von 15 t zu tragen und somit können vielleicht im Untergrund auftretende Veränderungen keinen Schaden am Ofenaufbau anrichten.

Sockel

Die Wände des Backofensockels entstanden aus Stampflehm mit einer Höhe von 95 cm über dem Erdboden (Abb. 16). Für die Mischung wurden ein gelbbrauner, magerer Lehm in einem Anteil von 75% sowie 25% Ziegelsplitt verwendet.
Der Stampflehm war erdfeucht und wurde in Schichten bis 12 cm in die Schalung eingefüllt. Das Verdichten ist schwere Arbeit, es kam deshalb ein Pressluftstampfer zum Einsatz. Die Schichtdicke betrug nach dem Stampfen ca. 8 cm.
Zum Einbauen von Stampflehm ist eine sehr stabile Schalung nötig, da beim Stampfen ein hoher seitlicher Druck entsteht, der die Schalung durchbiegen kann. Ein Einschalen des gesamten Sockelbereiches wäre deshalb zu aufwendig geworden. Es stand Schalungsmaterial zur Verfügung, mit dem Segmente bis zur Länge von 1 m hergestellt werden konnten.
Mit dem Heizen des Ofens werden später unterschiedliche Temperaturverläufe in den Bauteilen entstehen, die zu Verformungen, Verschiebungen und zur Rissbildung führen können. Diese Vorgänge lassen sich nicht vermeiden, nur deren sichtbares Erscheinen ist beeinflussbar. Durch das Bauen des Sockels in mehreren Abschnitten entstanden senkrechte Fugen, die später ein geringes Bewegen der Stampflehmblöcke gegeneinander zuließen. Im Bereich der vorgesehenen Feuerungsöffnung blieb ein 60 cm breiter Abschnitt zunächst frei.
Das kreisrunde Backraumgewölbe mit einem Gewicht von ca. 4 t sollte weitgehend auf Bauteilen stehen, die nicht von hohen Temperaturen betroffen sind und sich demzufolge nur wenig verformen. Diese Aufgabe erfüllen die Umfassungswände des Sockels. Zusätzlich wurden dafür auch die inneren Ecken des Sockels mit Ziegeln ausgemauert (Abb. 17). Für das Vermauern von Ziegeln im Bereich der Feuerung diente als Mörtel grundsätzlich nur Lehm.

Feuerraum

Der Feuerraum des Ofens wurde mit alten Mauerziegeln gebaut, die im Gegensatz zu modernen Ziegeln oder Klinkern wegen ihres nicht sehr dichten Gefüges einen schnellen Temperaturwechsel besser überstehen, ohne zu zerbrechen. Nach einigen Jahren wiesen aber auch diese Ziegel an den vom Feuer berührten Stellen deutliche Schäden auf, Schamottesteine wären hier besser gewesen, hätten aber zum Bauzeitpunkt kostenmäßig das Budget überzogen.
Während des Heizens dehnt sich der Feuerraum nach allen Seiten aus und übt dadurch Druck auf direkt angrenzende Bauteile aus. Um dies zu verhindern, wurde ein Abstand von 4 - 6 cm um den Feuerraum herum zu anderen Bauteilen

22

23

24

25

26

27

28

29

vorgesehen. Lediglich die Backfläche war davon ausgenommen. Zum Schutz des Betonfundamentes vor hohen Temperaturen dienten zwei auf der Betonplatte in Mörtel verlegte flach liegende Ziegelschichten. Der Feuerraum war in seinem unteren, zur Aufnahme des Brennstoffes dienenden Teil nur ca. 40 cm breit (Abb. 19). Wenn wenig Holz benötigt wurde, z.B. beim Nachheizen, blieb dieser beim Beschicken auf der kleinen Fläche entsprechend hoch liegen und entzündete sich schnell. Außerdem wurde so besser verhindert, dass ungeübte Personen zu viel Brennstoff verwendeten, der dann unter Bildung von Kohlenmonoxid nicht vollständig verbrannt wäre. Nach oben weitete sich der Feuerraum stark auf, um den sich mit zunehmender Flammentemperatur ausdehnenden Rauchgasen Platz zu bieten. In das Mauerwerk der Feuerung eingearbeitete Züge leiteten die heißen Rauchgase in den Backraum (Abb. 20).

Den oberen Abschluss des Feuerraumes bildete ein 12 cm starkes Gewölbe aus Ziegeln (Abb. 21). Eine geringe Dicke war zum ausreichend schnellen Aufheizen der darauf befindlichen Backfläche wichtig, denn die Wärme der Rauchgase würde hauptsächlich auf das Backraumgewölbe einwirken. Aus diesem Grund entstand die Backfläche aus alten Dachziegeln mit 2 cm Stärke (Abb. 22). In ihrer Ausrichtung lagen die Platten so, dass sie mit einem ggf. zur Reinigung erforderlichen Aschekratzer möglichst nicht gelöst werden konnten. Die Öffnungen der Backfläche zum Einleiten der heißen Rauchgase in den Backraum wurden in ihrer Größe an die sich einstellenden Zugverhältnisse angepasst. In der Nähe der Backöffnung waren sie 6 cm x 20 cm groß, im Bereich des Schornsteinanschlusses nur 6 cm x 10 cm.

Die Feuerungsöffnung mit den Abmessungen 35 cm x 45 cm (B x H) wurde mit Ziegelmauerwerk gebildet (Abb. 23). Hier kam wegen der höheren mechanischen Belastungen Kalkmörtel zum Einsatz, der die beim Heizen zwischen einzelnen Ziegeln auftretenden Bewegungen ohne auffällige Rissbildung zuließ. Hinweis: Zement darf nicht verwendet werden, deutlich sichtbare Risse und zerbrochene Ziegel wären die Folge. Die Größe der Feuerungsöffnung wurde so festgelegt, dass es einer Person noch möglich war, zu weiteren Bauarbeiten in den Feuerraum zu gelangen. Die Oberkante der Öffnung musste niedriger sein, als der zum Feuerraum gehörende Rauchgasabzug, um Flammen und Rauchgas sicher zum Schornstein zu leiten.

Die Feuerungsöffnung wurde mit einer Tür verschlossen. Die Regulierung der Luftzufuhr erfolgte während des Aufheizens des Ofens durch ein teilweises Öffnen der Tür. Zum Einstellen geringerer Luftmengen besaß die Tür eine kleine Klappe.

Backraum

Der Backraum wurde mit Hilfe eines tragenden Gerüstes aus Weidenruten errichtet, das sich später innerhalb des fertigen Gewölbes befand (Abb. 24). Das Aufbringen des Lehmes erfolgte sowohl auf der Außen- als auch auf der Innenseite des Weidenkorbes (Abb. 25 und 26). Die Ruten wurden mit Abstän-

den von 2 - 4 cm geflochten, um eine Verbindung zwischen beiden Lehmschichten herzustellen. Es wurde Strohlehm verwendet mit einem Anteil von etwa einem Eimer lockeren Strohes auf einen halbvollen Mörtelkübel mit Baulehm. Zunächst erhielten die gesamte Außenseite des Weidenkorbes sowie der untere innere Bereich einen Bewurf mit dem Strohlehm in einer Stärke von 6 cm (Abb. 27).
Dieser Lehmauftrag ergab bereits eine Last von mehr als 0,5 t. Der Weidenkorb musste zum Schutz vor Verformungen mit einigen Stützen gesichert werden (Abb. 28). Das Weiterarbeiten konnte erst nach ausreichendem Trocknen des Lehmes erfolgen. Im Inneren des Ofens, insbesondere im oberen Bereich des Gewölbes war das Auftragen des Lehmes nur mit geringer Schichtdicke bis ca. 3 cm möglich, da er sonst wieder herabgefallen wäre. Insgesamt erhielt das Gewölbe eine Stärke von 25 cm. Die Höhe im Backraum betrug 75 cm.
Die Backöffnung mit den Abmessungen von 50 cm x 45 cm (B x H) wurde aus Ziegeln mit Lehmmörtel gemauert (Abb. 29). Sie war zum Backraum hin etwas geneigt, damit die später zum Backen notwendige Verschlussklappe sicher anlag. Die Breite war durch die maximale Größe der zu nutzenden Kuchenbleche und Bratenschalen vorgegeben. Da die Klappe hohe Temperaturen erreichte, war es sinnvoll, sie mit Griffen aus Hartholz auszustatten.

Schornstein

Für den Schornstein stand ein Stahlrohr mit einem Innendurchmesser von 15 cm zur Verfügung (Abb. 30). Die Anschlüsse erfolgten am Backraum auf 2/3 der Innenhöhe sowie im oberen Bereich des Feuerraumes. Beide Anschlüsse besaßen Klappen, mit denen ein vollständiger Verschluss des Rohres möglich war. Der Schornstein mündete in einer Höhe von 4,5 m über der Backfläche.

Wärmedämmung

Das Massivlehmgewölbe des Backofens erreichte an seiner Oberfläche Temperaturen, die beim Berühren zu Verbrennungen führen konnten. Zur Wärmedämmung erhielt der Ofen eine 12 cm starke Schicht aus Strohleichtlehm (Abb. 31). Das Stroh wurde dafür mit Lehmschlämme durchtränkt und danach einen Tag zum Aufweichen gelagert. Sein Einbau erfolgte ringsum in 15 cm breiten Streifen auf den angefeuchteten Untergrund. Der Strohleichtlehm durfte nur so viel Lehm enthalten, dass er nach dem Trocknen noch nachgiebig war und federte. Er sollte die durch das Aufheizen bedingte Ausdehnung des Backgewölbes abfangen und somit zum Vermeiden von Rissen im Putz beitragen. Im Bereich von 20 cm um den Schornsteinanschluss herum durfte kein Strohleichtlehm aufgebracht werden, da er sich bei den dort herrschenden Temperaturen entzündet hätte und großflächig verschwelt wäre.

Unter- und Feinputz

Für die Putzarbeiten musste der bisherige Ofenaufbau trocken sein. Der Ofen wurde einige Stunden geheizt, damit sich das Gewölbe ausdehnen konnte. Das hilft, die Bildung von Rissen im Putz zu reduzieren. Der Lehmunterputz erhielt

30

31

32

33

34

eine Stärke bis ca. 3 cm, erreichte aber zum Ausgleich von Ungleichmäßigkeiten stellenweise auch eine größere Dicke. Die Putzmischung hatte eine Korngröße bis 4 mm.
In den noch plastischen Putz wurde ein Jutegewebe zum Schutz vor Rissbildung eingearbeitet (Abb. 32 und 33). Unterputz und Gewebe durften mit dem Stampflehmsockel des Ofens keine feste Verbindung eingehen, da sich infolge der Ausdehnung des geheizten Backraumgewölbes die gesamte Putzschicht geringfügig hob. Der Putz wurde mit der Spitze einer Maurerkelle über dem Sockel eingeschnitten, um eine definierte Fuge zu erhalten.
Nach dem Trocknen des Unterputzes wurde der Ofen erneut aufgeheizt. Der Feinputzauftrag erhielt eine Stärke von 1 cm mit einer Lehmmischung bis 2,5 mm Korngröße (Abb. 34 und 35). Das Glätten dieses Putzes erfolgte mit einem Schwamm.

Witterungsschutz

Zum Witterungsschutz erhielt der Backofen ein Gründach. Der Schornstein wurde durch eine ca. 0,8 m x 0,8 m große Blechplatte hindurchgeführt. Da der Backofen sichtbar bleiben, und das Dach nicht zu groß werden sollte, war ein Schutz vor Regen nicht vollständig gegeben. Es zeigte sich aber, dass sich die Putzoberfläche nur geringfügig durch Regen veränderte.

Leider, leider

... gibt es diesen Ofen nicht mehr. Da das Grundstück im Wangeliner Garten einer anderen Nutzung zugeführt wurde, musste der Backofen in 2010 abgebaut werden. Geplant ist aber, in einem anderen Bereich des Gartens einen neuen großen Ofen zu errichten, allerdings eher mit direkter Feuerung, da es sich gezeigt hatte, dass der Holzverbrauch bei dieser Art der Beheizung doch sehr groß ist (siehe nachfolgende Tabelle).

Alle Fotos: Sigurd Kindel

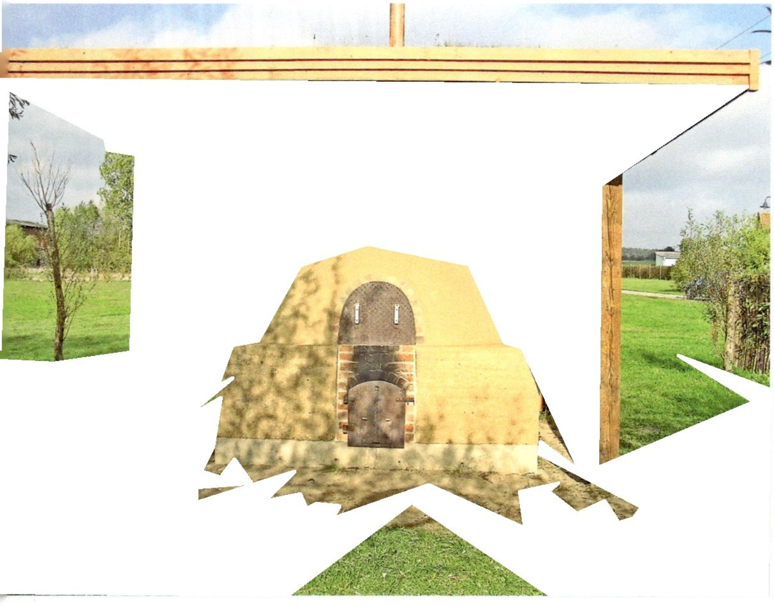

Baudaten

Sockelabmessungen
2,55 x 2,55 x 0,95 m (L x B x H)

Backgewölbe
Durchmesser: 1,55 m innen, 2,35 m außen
Höhe: 0,75 m innen, 1,15 m außen
Wandstärke: 0,4 m (Strohlehm: 0,20 - 0,25 m, Strohleichtlehm 0,12 - 0,17 m, Lehmputz 3 cm)
Backöffnung: 0,50 x 0,45 m (B x H)
Feuerungsöffnung: 0,35 m x 0,45 m (B x H)
Schornstein: Anschlusshöhe 0,5 m (Rohrmitte über der Backfläche); Rohrdurchmesser 0,16 m (Stahlrohr); Mündungshöhe 4,5 m (über der Backfläche)

Vergleich von Backöfen mit unterschiedlicher Feuerungsart		
	Backofen mit Direktfeuerung	**Backofen mit separatem Feuerungsraum**
Anheizzeit	2 Stunden	4 Stunden
Bedienungsaufwand zum Heizen	Einmaliges Heizen mit gesamter Brennstoffmenge, während des Heizens nur wenige Kontrollen.	Ständiges Kontrollieren und Nachheizen, da die Backraumtemperatur nur steigt, solange Flammen entstehen.
Temperaturkontrolle	Das Abbrennen des Rußansatzes am Gewölbe zeigt das Erreichen der Backtemperatur an.	Temperaturkontrolle nur mit Meßtechnik möglich, da das Gewölbe ständigen Ruß- und Teerbelag hat.
Brennstoffverbrauch		Etwa fünffach gegenüber der Direktfeuerung.
Arbeitssicherheit beim Heizen	Verbrennungsgefahr durch Funkenflug beim Entaschen des Backraumes.	Verbrennungsgefahr beim Nachheizen durch die aus der Feuerung schlagenden Flammen; Gefährdung wird durch die tiefliegende Feuerungsöffnung begünstigt.
Wärmespeicherung für den Backvorgang	Speicherung im Backraumgewölbe; fallende Backtemperatur.	Glutvorrat im Feuerungsraum, dadurch Temperaturregelung für Backvorgang möglich.
Sauberkeit im Backraum	Die während des Heizens entstehende Asche muss vor dem Backen gründlich entfernt werden.	Im Backraum lagern sich Ruß und Teer ab, da er von den Flammen nicht erreicht wird; Rußteile können sich vom Gewölbe lösen und das Backgut verunreinigen; falls während des Backens Rauch entsteht, wird der Geschmack des Backgutes beeinträchtigt.
Thermische Belastung des Backraumgewölbes	unterschiedliche Aufheizung der verschiedenen Gewölbebereiche; z.T. Temperaturen oberhalb der erforderlichen Backtemperatur; hohe Belastung des Bodens durch die Abkühlung beim Reinigen mit Wasser.	weitgehend gleichmäßige Aufheizung des gesamten Backraumes, die Temperatur kann auf die erforderliche Backtemperatur begrenzt werden.
Zusätzlicher Bauaufwand		feuerfestes Material zum Bau des Feuerungsraumes erforderlich; geeignete Baukonstruktion, da die Wärmeausdehnung des Feuerungsgewölbes zur Rissbildung in Sockel und Ofen führt.

1

2

3

1 und 2
Die aus Natursteinen rund gemauerten Backöfen auf der kanarischen Insel La Gomera werden regelmäßig benutzt.

3
Reich verzierter Lehmbackofen mit integrierter Sitzbank auf dem Gelände eines Kunsthandwerkshofes in Mendocino, Kalifornien

4
Gemauertes Backhäuschen mit stolzem Bäcker in Österreich

5 und 6
Fahrbarer Lehmbackofen auf dem Kunsthandwerkermarkt in Staufen/Baden-Württemberg für die Zubereitung von Flammkuchen aller Art

Alle Fotos:
Claudia Lorenz-Ladener

8 Bäckerin Evas Rezepte

Eva Mölter

In ihrem selbst gebauten Holzbackofen im Garten (Baubeschreibung S. 59 bis 71) hat die gelernte Bäckerin Eva Mölter schon viele kulinarische Genüsse zubereitet. Im Folgenden lässt sie die Leserinnen und Leser an ihren besten Rezepten teilhaben. Die angegebenen Temperaturen, Back- und Ruhezeiten dienen nur als Anhaltspunkt, je nach Backgut, Feuerung und Ofen können sie etwas variieren.

Echtes Sauerteig-Brot

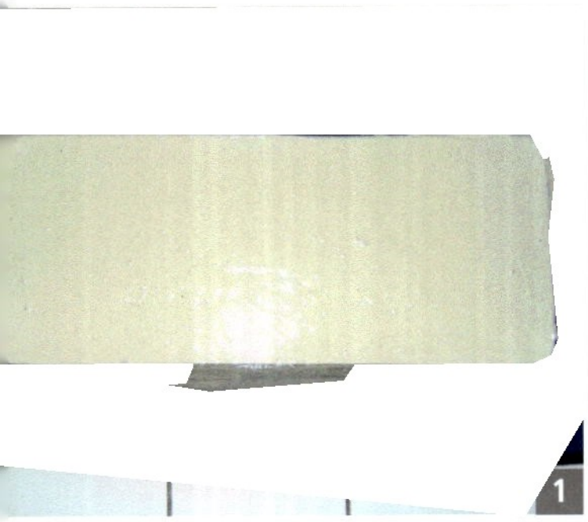

1

Für ein echtes Sauerteigbrot muss man richtig viel Zeit einplanen, da ich hier nur mit Roggenmehl, Wasser und Salz arbeite. Die nachfolgend angegebenen Mengen sind auf die Größe meines Ofens ausgerichtet und ergeben 17 Brote. Ich bevorzuge eine 4-Stufen-Führung (d.h. 4 Tage) und setze den Sauerteig jedesmal neu an.

Tag 1
2000 g Roggenmehl Typ 997 (gesiebt) und *3000 ml Wasser* zu einer glatten, leicht flüssigen Masse verrühren und 24 Stunden an einem warmen Ort abgedeckt stehen lassen (Abb. 1).

Tag 2
2000 g Roggenmehl Typ 997 (gesiebt) und *2000 ml Wasser* zum Teig vom Vortag geben, gut verrühren und alles wieder an einem warmen Ort 24 Stunden abgedeckt stehen lassen.

Tag 3
2000 g Roggenmehl Typ 997 (gesiebt) und *2000 ml Wasser* zum Teig vom Vortag zugeben, alles gut verrühren und wieder an einem warmen Ort 24 Stunden abgedeckt stehen lassen.

2

3

4

Tag 4

2000 g Roggenmehl Typ 997 (gesiebt) und *2000 ml Wasser* zum Teig vom Vortag zugeben, gut verrühren und alles wieder an einem warmen Ort 24 Stunden abgedeckt stehen lassen.

Tag 5 = Backtag

5000 g Roggenmehl Typ 997 (gesiebt) sowie *400 g Salz* zum Sauerteig zugeben und gut vermischen. 17 Teiglinge à ca. 1300 g abwiegen.

Nach Geschmack in die Teiglinge Kümmel, Sonnenblumenkerne, Kürbiskerne, Leinsamen etc. unterkneten. Den Teig in Formen oder Backkörbchen legen und je nach Zimmertemperatur 3 - 4 Stunden gehen lassen (Abb. 2 bis 4). Die Brote bei 260°C in den Ofen einschießen.
Vor und nach dem Einschießen viel Wasser in den Ofen spritzen, damit sich ordentlich Dampf entwickeln kann, dies dient zur Krustenbildung (Abb. 5 und 6). Nach 50 bis 70 Minuten – je nach Größe der Laibe – ist das Brot fertig gebacken. Gleich nach der Entnahme aus dem Ofen, sollte das Bot zur Glanzentwicklung leicht mit Wasser besprüht werden (Abb. 7 - 9).

Einige Tipps

- Wer sicher gehen möchte, dass die Brote gut gelingen, kann am Tag 1 ein viertel Päckchen Trockenhefe zugeben.
- Wer Lust auf einen anderen Geschmack hat, kann den Wasseranteil komplett durch Hefe-Weizen-Bier ersetzen, sollte dann aber auf die Trockenhefe verzichten. Das billigste Hefe-Weizen-Bier ist völlig ausreichend.
- Wer es herzhafter mag, kann den Wasseranteil auch mal durch Alt-Bier ersetzen.
- Soll an heißen Tagen gebacken werden, reicht eine 3 Tage-Führung völlig aus.
- Da die Qualität des Mehls nicht immer gleich ist, kann ggf. auch etwas mehr bzw. etwas weniger Flüssigkeit benötigt werden.

5

6

7

8

9

10

12

Kastenweißbrot

Auch dieses Rezept ist auf die Kapazität meines Ofens ausgelegt. Sollen weniger als 17 Brote gebacken werden, müssen die Zutaten natürlich mengenmäßig reduziert werden.

6000 g Weizenmehl Typ 00
= italienisches Pizzamehl
3000 ml Wasser,
600 ml Öl
120 g Salz,
240 g Hefe

zusammen etwa 10 Minuten zu einem glatten Teig kneten. Den Teig 45 Minuten ruhen lassen. Danach 17 Teiglinge à ca. 580 g abstechen und zu einer Kugel formen (Abb. 10). Nach einer erneuten Ruhepause (30 Minuten), die Teiglinge zu einem länglichen Laib formen, in eingefettete Kastenformen legen und gut in die Form drücken (Abb. 11).

Nun wieder den Teig 30 - 45 Minuten gehen lassen. Bevor die Kastenformen in den Ofen kommen, die Teiglinge der Länge nach oben mit einer Rasierklinge einschneiden und mit Wasser besprühen.
Vor und nach dem Einschießen des Backgutes viel Wasser in den Ofen sprühen, damit sich gut Dampf entwickeln kann (dient der Krustenbildung). Die Kastenweißbrote 25 bis 30 Minuten bei 220°C backen (Abb. 12).

Kleiner Tipp

- Nachdem die Kastenbrote gebacken sind, sofort aus den Formen nehmen und zur Glanzentwicklung mit etwas Wasser besprühen.
- In den Ruhephasen den Teig immer mit einem Tuch abdecken.

13

Käsebrötchen

1000 g Weizenmehl Typ 812
600 ml Wasser
120 g Hefe,
40 g Salz,
40 g Malz,
15 g Pfeffer

Alles zusammen 5-8 Minuten kneten und 50 Minuten ruhen lassen. Den Teig gut durchkneten und 36 Teiglinge à ca. 50 g zu runden Brötchen formen.
Mit etwas Wasser besprühen und mit Käse bestreuen (Abb. 13).
Nach 1 Stunde Ruhezeit die Teiglinge mit Wasser besprühen. In den Ofen reichlich Wasser sprühen und die Teiglinge 20 Minuten bei 200°C backen (Abb. 14).

Kleiner Tipp

- Wer mehr Käse mag, kann dem Teig zusätzlich 200 g geriebenen Käse zugeben (Gouda, Emmentaler etc.).
- Die Käsebrötchen schmecken auch gut, wenn eine Mischung aus verschiedenen Sorten Käse zum Teig gegeben werden.

Wasserweck

(auch „Stöllchen“ oder „Schrippen“)
1000 g Mehl Typ 812
600 ml Wasser
30 g Salz, 50 g Malz
60 g Hefe
20 g Butter

Alle Zutaten zusammen 8 - 10 Minuten kneten. 50 Minuten ruhen lassen. 35 Teiglinge à ca. 50 Gramm abstechen und zu Brötchen formen (Abb. 15). Ruhen lassen, bis die Teiglinge etwa doppelt so groß sind. Mit einer Rasierklinge oben 2 Schnitte anbringen, mit Wasser besprühen, in den Ofen reichlich Wasser sprühen und die Teiglinge 18-20 Minuten bei 230°C backen (Abb. 16 und 17).

Kleiner Tipp

- Für Partybrötchen 25 g schwere Teiglinge formen, mit Wasser besprühen und mit Sesam, Mohn, Kürbiskernen, Sonnenblumenkernen, Kümmel etc. bestreuen.

15

16

17

Knoblauchfladen

1000 Weizenmehl Typ 812
120 g Hefe
40 g Salz,
50 g Malz
15 g Pfeffer (in den Teig)
1,5 kleine Gläser Knoblauchpaste
600 ml Wasser
Zum Bestreuen: Etwa 20 g Pfeffer,
20 g Paprika und 200 g Käse

Alles Zutaten zusammen 5 - 8 Minuten kneten, dann 50 Minuten ruhen lassen und danach gut durchkneten. 8 Teiglinge à ca. 240 g zu kleinen Kugeln formen. Die Teiglinge 10 Minuten ruhen lassen, dann flach klopfen, mit Wasser besprühen, mit Käse bestreuen und mit Pfeffer sowie Paprika würzen (Abb. 18).
Wenn die Teiglinge nach 1 Stunde auf etwa die doppelte Größe aufgegangen sind, die Fladen mit Wasser besprühen, und auch in den Ofen reichlich Wasser für eine gute Krustenbildung spritzen und 20 - 25 Minuten bei 200°C backen (Abb. 19 und 20).

Einige Tipps

- Die Knoblauchpaste lässt sich auch selbst herstellen: Für 8 Knoblauchfladen werden 10 - 15 Knoblauchzehen klein geschnitten und mit dem Stabmixer püriert. Für die Zugabe dieser Paste muss die Wassermenge im Teig um ca. 50 ml reduziert werden.
- Wer es nicht so knoblauchhaltig mag, kann die Menge reduzieren und stattdessen Majoran, Thymian, Oregano etc. zufügen.
- Die Fladen schmecken lauwarm am besten.
- Für Käseliebhaber: Zusätzlich in den Teig 200 g geriebenen Käse (Gouda, Emmentaler) zugeben.
- Meine Lieblingsvariante: Fladen mit selbsthergestellter Knoblauchpaste, und Käse sowie Thymian, Majoran und Oregano.

18

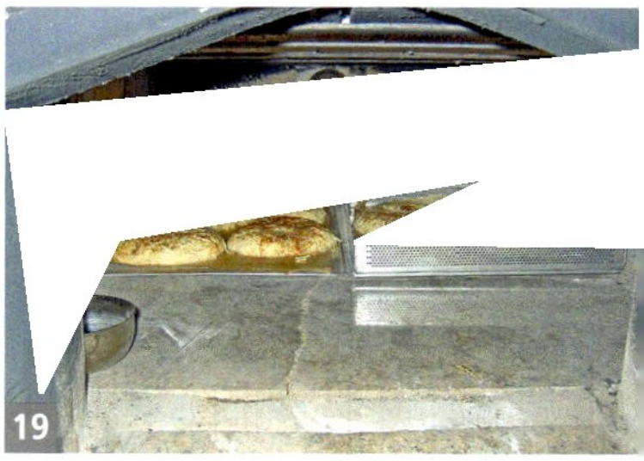
19

20

21

22

Knusprige Hähnchen

3 ganze Hähnchen mit Salz, Pfeffer, Paprika würzen, 2 kg rohe Kartoffeln schälen, in kleine Stücke schneiden und salzen. 1 kg Gemüsezwiebeln schälen, in kleine Stücke schneiden und 9 Knoblauchzehen vierteln. Alles zusammen in einen ca. 35 x 50 x 7cm großen Behälter geben (z.B. Gastronomie-Behälter, Auflaufform bzw. Backwanne), bei 220°C für 1 Stunde in den Ofen schieben und im 15 Min. Takt Bier über die Hähnchen gießen (Abb. 21 und 22).

Kleiner Tipp

- Sollte der Ofen noch etwas heiß sein, die Hähnchen zeitweise mit Alufolie abdecken, damit sie nicht so dunkel werden wie hier.
- Nicht zu viel Bier zugeben, denn auch die Kartoffelstücke sollen knusprig werden.

23

Amerikanischer Truthahn („Butterball")

Solch ein Truthahn ist etwa 5000 g schwer. Er wird auch Butterball genannt, weil ihm unter die Haut Butter gespritzt wurde. Den echten Butterball gibt es in Deutschland in dieser Form nicht zu kaufen. Damit der Truthahn „butterzart" wird, kann man ihm aber selbst weiche Butter mit einer Spritze direkt unter die Haut spritzen. Den Truthahn mit Salz, Pfeffer und Paprika kräftig würzen und mit viel Knoblauch, Petersilie, Schnittlauch und Zwiebeln füllen. Die Beine und Flügel sollten an den Truthahnkörper mit einer Schnur festgebunden werden, da sie sonst sehr dunkel werden oder sogar verbrennen. Danach den Braten auf einen Rost setzen (Abb. 23). Eine Backwanne mit einer Flasche trockenen Rotwein füllen sowie 3 - 4 Gemüsezwiebeln und 1 Knolle grob zerkleinertem Knoblauch. Den Truthahn mit dem Rost auf die Wanne legen, alles mit Alufolie abdecken und hier und da ein Loch in die Alufolie stechen. Bei 250°C in den Ofen schieben, die Alufolie nach 1 Stunde entfernen. Nach etwa 2,5 Stunden ist der Truthahn fertiggebacken (Abb. 24 und 25).

Kleiner Tipp

- Sollte der Rotwein beim Entfernen der Alufolie schon verdunstet sein, etwas Rotwein nachfüllen.
- Statt Rotwein kann man auch Bier nehmen.

24

25

Schweinehaxen

3 große Haxen mit Salz, Pfeffer und Paprika würzen. 6 Knollen Knoblauch, 12 große Zwiebeln, 6 Paprika mit in die Backwanne geben und alles bei 250°C in den Ofen schieben. Im 20 Minuten Takt eine ganze Flasche Bier über die Haxen gießen (Abb. 26).
Nach gut einer Stunde Backzeit die Haxen auf einen Rost setzen und wieder für 1 Stunde in den Ofen schieben (Abb. 27). Nach insgesamt 2 Stunden können die Haxen verzehrt werden (Abb. 28).
Dazu schmeckt ein hausgemachter Kartoffelsalat sehr gut oder frisches Sauerteigbrot aus dem Steinbackofen.

Kleiner Tipp

- Die Schwarte wird sehr knusprig, wenn sie mit einer Rasierklinge über Kreuz eingeschnitten wird.

26

27

28

Schweinekrustenbraten

5000 g Schweinekrustenbraten
6 Gemüsezwiebeln
1 Knolle Knoblauch
15 Karotten
2500 g Kartoffeln

Fleisch nach Geschmack mit Salz, Pfeffer und Paprika würzen. Zwiebeln, Knoblauch, Karotten in grobe Stücke schneiden und mit in die Backwanne geben (Abb. 29). Alles für etwa eine Stunde bei 250°C in den Backofen schieben und den Braten nach jeweils 15 Minuten mit Bier begießen.
Kartoffeln wie gewohnt schälen, waschen, in kleine Stücke schneiden, gut salzen, ebenfalls in die Backwanne geben und im Backofen 1 Stunde mitbacken (Abb. 30).
Abb. 31: So sieht der Schweinkrustenbraten nach etwa 1,5 Stunden im Ofen aus.
Nach 2 Stunden ist der Schweinekrustenbraten verzehrbereit (Abb. 33).

Kleiner Tipp

- Für eine schöne Kruste vor dem Backen die Schwarte mit einer Rasierklinge über Kreuz einschneiden.
- Wenn der Braten sehr groß ist, das Fleisch in der ersten Stunde mit Alufolie abdecken, damit der Braten nicht zu dunkel wird. Denn: Je größer das Stück Fleisch ist, desto länger ist die Backzeit.

29

30

31

32

33

Wildschwein-Spanferkel

34

35

36

Unser ausgenommenes Spanferkel hatte ein Gewicht von etwa 15 Kilo und reichte für 20 Personen. Zunächst musste der Ofen 3 Stunden lang vorgeheizt werden. In der Zwischenzeit wurde das Fleisch für den Ofen vorbereitet:
Wir legten das Wildschwein-Spanferkel in eine eigens dafür hergestellte Edelstahlwanne (120 x 40 cm) und würzten es kräftig mit Salz, Pfeffer und Paprika. Um das Wildschwein-Spanferkel herum verteilten wir 3 kg in größere Stücke geschnittene Gemüsezwiebeln, 4 kg etwa 3 cm lang geschnittene Karottenstücke und die halbierten Zehen von 8 Knoblauchknollen (Abb. 37). Über das Gemüse gaben wir etwas Öl, damit nichts anbrennen konnte, verhüllten alles mit Alufolie und schoben die Bratwanne bei 280°C in den Ofen (Abb. 36).

Nach etwa einer Stunde entfernten wir die Alufolie wieder und übergossen das Wildschwein mit 2 Liter Rotwein (Abb. 38). Nach einer weiteren Stunde Backzeit verteilten wir 5 kg geschälte und geviertelte Kartoffeln in der Backwanne (Abb. 39). Insgesamt betrug die Backzeit etwa 3 Stunden bis der Wildschwein-Spanferkel-Braten verzehrt werden konnte (Abb. 40).
Dazu schmeckt auch sehr gut frisch gebackenes Kastenweißbrot oder ein herzhaftes Sauerteigbrot. Übrigens: Abb. 34 und 35 zeigen Otti, den Erbauer des Steinbackofens.

Kleiner Tipp

- Vor der Kartoffel-Zugabe den Kopf des Wildschweines mit Alufolie abdecken, damit er nicht schwarz wird.
- Die Gartemperatur mit einem Fleischthermometer überprüfen.

37

38

39

40

Rosinenzöpfe

Diese Zutatenmengen ergeben einen großen Zopf oder zwei kleine Zöpfe:

1000 g Weizenmehl Typ 550
60 g Hefe
15 g Salz,
150 g Zucker
160 g Butter oder Margarine
3 Eier,
ca. 400 ml Milch
evtl. Zitronen- u Vanillegeschmack

Alle Zutaten zusammen 5 - 7 Minuten kneten, den Teig dann 20 Minuten ruhen lassen, 100 g Rosinen unterkneten, nochmals 15 Minuten ruhen lassen, den Teig in 3 gleiche Teile teilen, diese zu langen Strängen rollen und zu einem Zopf flechten (Abb. 41).
Den Zopf nochmals 30 - 50 Minuten gehen lassen, vor dem Backen mit Ei bestreichen und nach Belieben mit Hagelzucker oder Mandeln bestreuen (Abb. 42).
30 - 35 Minuten lang bei 200°C backen (Abb. 43).

Kleiner Tipp

- Es lohnt sich, die Ruhezeiten für den Teig einzuhalten, denn hier bildet sich das Aroma.

41

42

43

Butterkuchen

Das Rezept ist für ein Backblech der Größe 40 x 60 cm ausgelegt. Für ein haushaltsübliches Herdblech sollten die Zutatenmengen halbiert werden.

1000 g Weizenmehl Typ 550
180 g Hefe
150 g Zucker,
etwas Salz
500 ml lauwarme Milch
150 g weiche Butter

Alle Zutaten zusammen 5 Minuten kneten und 30 Minuten ruhen lassen. Dann auf Blechgröße ausrollen und auf ein mit Backpapier ausgelegtes Blech legen. 250 g sehr weiche Butter auf dem ausgerollten Teig verstreichen, 150 g Zucker und 2 Päckchen Vanillezucker mischen und auf dem Teig gleichmäßig verteilen. 150 g gehobelte Mandeln darüber streuen und 15 - 20 Minuten bei 200°C backen. Sofort nach dem Backen, solange der Kuchen noch heiß ist, 750 ml flüssige Sahne direkt aus dem Becher gleichmäßig über den Kuchen gießen (Abb. 44 und 45).

44

45

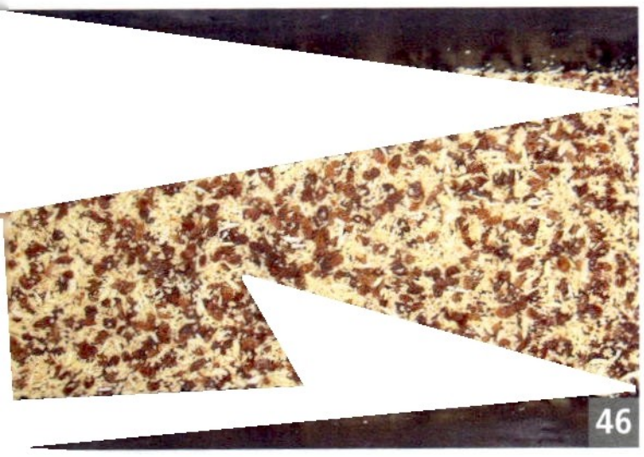
46

47

Quarkstollen

Auch dieses Rezept ist auf die Kapazität meines Ofens ausgelegt. Es entstehen 16 Quarkstollen. Entsprechend der Anzahl der zu backenden Stollen sollten die Zutatenmengen reduziert werden.

Am Vortag

3200 g Rosinen
1600 g gehackte Mandeln
1600 g gestiftete Mandeln
1600 g gehackte Nüsse
2500 ml Strohrum
zusammen gut vermischen und 24 Stunden einweichen. Immer mal wieder alle Zutaten durchmischen (Abb. 46).

Teig

8000 g Weizenmehl Typ 550
16 Päckchen Backpulver
4000 g Quark
2400 g Zucker
32 Eier, 3200 g Butter
zusammen zu einem glatten Teig verarbeiten und 30 Minuten ruhen lassen (Abb. 47). Die Rosinen-Mandel-Nuss-Mischung zum Teig geben und durchkneten (Abb. 48). 16 Teiglinge à 1700 g abteilen, zu Kugeln formen (Abb. 49), 15 Minuten ruhen lassen und dann in eine längliche Form bringen (Abb. 50). Die Teiglinge 60 - 80 Minuten bei 175°C backen (Abb. 51).
Nun 750 g Butter auflösen, die noch warmen Stollen damit bestreichen und Puderzucker darüber sieben (Abb. 52).

Einige Tipps

- Zitronat und/oder Orangeat beimengen, die Rosinen dann aber in der Menge reduzieren.
- So entsteht ein Schokostollen: Im Grundteig den Anteil der Rosinen durch Schokoladen-Drops ersetzen und nach Geschmack, Rum- und Zitronenaroma dazugeben.
- Ganz schokoladig wird der Stollen, wenn dem Grundteig Kakaopulver zugegeben wird. Dann aber auch den Anteil der Eier erhöhen (pro 2 Teelöffel Kakao ein Ei zugeben).

49

50

51

52

Rosinen-Mandel-Laibe

Die hier aufgeführten Zutatenmengen ergeben 17 Laibe und sind auf meinen Ofen ausgelegt.
Für weniger Laibe die Mengen der Zutaten reduzieren.

Am Vortag

1000 g gehackte Mandeln
800 g Rosinen
in 250 ml Strohrum
einweichen und über Nacht ziehen lassen.

Teig

5700 g Weizenmehl Typ 550
460 g Hefe
85 g Salz
1140 g Zucker
1140 g Butter
17 Eier
2250 ml Milch
zusammen 8 - 10 Minuten zu einem glatten Teig kneten. 5 Minuten ruhen lassen, die Rosinen-Mandel-Rum-Mischung zugeben, alles noch einmal kräftig durchkneten, dann den Teig abgedeckt etwa eine Stunde an einem warmen Ort gehen lassen und danach mit der Hand nochmals durchkneten
Den Teig in 6 gleich große Teile teilen, diese zu Kugeln formen und wieder 20 Minuten ruhen lassen (Abb. 53). Die Teigkugeln nun abermals kräftig kneten, 17 Teiglinge à etwa 800 g abteilen und zu Kugeln formen (Abb. 54). Nach einer kurzen Ruhezeit von 15 Minuten aus den Kugeln längliche Laibe formen. Diese in gut eingefettete Kastenformen legen und mit einer Schere über Kreuz oben in den Teig schneiden (Abb. 55). Die Oberflächen mit Ei bestreichen und mit Mandelstiften bestreuen.
Nach einer letzten Ruhepause von etwa 45 Minuten, die Kastenformen für 30 - 40 Minuten in den Ofen bei 220°C schieben (Abb. 56).

Einige Tipps

- Variante: Mandeln durch gehackte Haselnüsse ersetzen.
- Gut schmecken die Laibe auch mit etwas Zitronat und oder Orangeat.
- Wird der Zuckeranteil um ein Viertel reduziert, können die Laibe statt mit gestifteten Mandeln auch mit Hagelzucker bestreut werden.

53

54

55

56

Apfel-Streusel-Kuchen

57

58

Das Rezept ist für ein Backblech der Größe 40 x 60 cm ausgelegt. Für ein haushaltsübliches Herdblech sollten die Zutatenmengen halbiert werden.

Teig

600 g Weizenmehl Typ 550
80 g Hefe
100 g Zucker
2 Päckchen Vanillezucker
etwas Salz
2 Eier
100 g weiche Butter
4 El Öl
250 ml lauwarme Milch
zusammen 5 - 7 Minuten kneten und 50 Minuten ruhen lassen.

Belag

ca. 4000 g Äpfel
für die Streusel:
600 g Weizenmehl Typ 550
400 g Butter
400 g Zucker
Etwas Salz
Das Blech leicht mit Öl einpinseln, den Teig gleichmäßig ausrollen, immer von innen nach außen, bis die gewünschte Größe erreicht ist. Den Teig auf das Blech legen und an den Rändern andrücken. Äpfel schälen, achteln und den Teig damit so dicht belegen, dass er völlig bedeckt ist.
Den Streuselteig in kleine Teile zerpflücken und gleichmäßig über die Apfelstücke geben.
Bei 200°C etwa 30 - 40 Minuten backen (Abb. 57 und 58).

Kleiner Tipp

- Schmeckt auch fein: Die Streusel vor dem Backen noch mit etwas Zimt bestreuen.

Käse-Streusel-Kuchen

Das Rezept ist für ein Backblech der Größe 40 x 60 cm ausgelegt. Für ein haushaltsübliches Herdblech sollten die Zutatenmengen gedrittelt werden.

59

Teig

600 g Weizenmehl Typ 550 und
2 TL Backpulver miteinander gut vermischen
300 g Zucker
4 Päckchen Vanillezucker
eine gute Prise Salz
4 Eier
300 g weiche Butter

zu der Mehl-Backpulver-Mischung zugeben und gut verkneten. Danach 30 Minuten im Kühlschrank kaltstellen.

Füllung

3000 g Quark
600 g Zucker
12 El Zitronensaft
200 g Speisestärke
12 Eigelb

gut mit einem Schneebesen verrühren. 12 Eiweiß und 1000 ml Sahne getrennt steif schlagen und nach und nach unter die Quarkmasse geben.

Streusel
400 g Weizenmehl Typ 550
300 g Zucker
4 Päckchen Vanillezucker
miteinander gut vermischen. 300 g kalte Butter in kleine Stücke schneiden, zu der Mehl-Zucker-Mischung geben und alles gut vermengen.

Den erkalteten Teig aus dem Kühlschrank durchkneten, zu einer Platte in der Größe des Backbleches ausrollen und so auf das eingeölte Backblech legen, dass der Teig an den Rändern nach oben gedrückt werden kann. Die Quarkmasse auf dem Teig gleichmäßig verteilen, hier ist eine Winkelpalette sehr hilfreich – ein Handwerksgerät der Bäcker und Konditoren. Anschließend die Streusel gleichmäßig auf der Quarkmasse verteilen (Abb. 59). Den Kuchen dann 80 - 90 Minuten bei 175°C backen (Abb. 60).

Kleiner Tipp

- Die Streusel erst auf die Quarkmasse streuen, kurz bevor der Kuchen in den Ofen geschoben wird.

Alle Fotos: Eva Mölter

60

61

1

9 Eigen-Brötlers Backrezepte

Pius Kopp

Alle folgenden Köstlichkeiten wurden schon mehrfach bei Eigen-Brötler-Seminaren im neu gebauten Backofen erprobt. Wenn nicht anders bezeichnet, sind die Rezepte für 4 Personen berechnet.

Hefevollkornbrot

0,5 l Wasser
1 Würfel Hefe
1 gehäufter TL Meersalz
ca. 750 g feingemahlener Weizen/Dinkel
nach Belieben 1 EL ÖL oder ein Stückchen Butter

Für den Vorteig 0,5 l Wasser, 3/4 der Hefe, das Salz und 1/4 der Mehlmenge zu einem flüssigen Teig verrühren und mindestens 2, höchstens 8 Stunden stehen lassen. Danach die restliche Hefe und das Mehl einarbeiten und den Teig in der Wärme gut aufgehen lassen. Zu Broten formen, wieder aufgehen lassen und bei ca. 220°C je nach Größe 40 bis 60 Min. backen.

Universal-Hefeteig

für Brötchen, Fladen, Pizza, Flammkuchen usw.

0,5 l Wasser, leicht lauwarm
1 Würfel Hefe
ca. 800 g feingemahlener Dinkel oder Weizen
1 EL Meersalz
30 bis 100 g Butter oder Öl, je nach Gebäckart

Alle Zutaten mischen und ca. 5 Minuten kräftig kneten. Der Teig soll sich vom Schüsselrand lösen. Warm stellen und zum doppelten Volumen aufgehen lassen – evtl. die Schüssel in lauwarmes Wasserbad stellen. Dann den Teig durchkneten und die gewünschten Gebäckstücke formen.
Für Brötchen und Laugengebäck genügen ca. 30 g Butter oder Öl. Für Fladen, Pizza und Mürbegebäck kann die Fettmenge erhöht werden. Die gut aufgegangenen Gebäckstücke werden im Ofen bei 200°C bis 240°C gebacken.

2

3

4

Lauchkuchen

Hefeteig wie bei Pizza.
Belag für etwa 6 Portionen:
3 Stangen Lauch
2 EL Öl
5 Tomaten
2 Zwiebeln
150 g Champignons
4 Eier
1/8 l Milch
Muskat, Paprika, Oregano
300 g Reibkäse, Emmentaler oder Peccorino

Lauch waschen, putzen und in 1 cm breite Streifen schneiden. Im Öl 5 Minuten dünsten, abkühlen lassen. In der Zwischenzeit Tomaten in Scheiben schneiden, Zwiebeln grob hacken, Eier, Milch und Gewürze verquirlen, Käse reiben. Den Hefeteig auf einem großen, gefetteten, mit Getreideschrot bestreuten Kuchenblech auswellen, Lauch, Tomaten, Zwiebeln und Champignons darauf verteilen. Die Eiermilch vorsichtig darübergießen, Reibkäse obendrauf streuen, in den vorheizten Backofen schieben und bei 200°C ca. 30 bis 40 Minuten backen. Warm oder kalt servieren.

Pizza

Für den Pizzaboden ist ein einfacher Hefeteig am besten geeignet, der mit etwas Olivenöl verfeinert wird. Um den Teig für 8 mittelgroße Pizzen zu bereiten, sind nötig:

1 kg Mehl, Weizen, Dinkel, fein gemahlen, evtl. auch mit 20% Roggenanteil
1 Würfel Backhefe (50 g)
1 EL Meersalz
2 EL Olivenöl
1/2 l Wasser oder Milch

Den Teig gehen lassen. Danach Kugeln von 150 bis 200 g formen, gut einmehlen und in eine Schale oder auf ein Brett legen und mit einem Tuch abdecken. Wenn möglich noch einmal etwa eine Stunde gehen lassen, so dass er luftig wird. Den Teig dann zu dünnen Platten mit ca. 25 cm Durchmesser ausrollen oder mit der Hand ausformen.

Belag: Als Grundsubstanz sollte eine Mischung aus passierten Tomaten, Olivenöl, Oregano und Salz verwendet werden (1 kg Tomaten, 30 g Oregano, 1 EL Salz, 1 dl Olivenöl). Darauf je nach Geschmack, Schinken, Salami, Sardellen, Artischockenherzen, Paprika, Oliven, Pilze aller Art, Zwiebeln und frische Kräuter legen. Auf den Belag wird reichlich Käse gestreut. Empfehlenswert ist eine Mischung aus geriebenem Parmesan, Emmentaler oder Peccorino und Mozarella.

Flammkuchen

Hefeteig wie bei Pizza.

Belag für 6 Portionen:
1/4 l Süßrahm
1/8 l Sauerrahm oder creme fraiche
2 bis 3 Zwiebeln
300 g duchwachsener Speck, leicht angeraucht
Pfeffer und Muskatnuss
evtl. Schnittlauch oder Petersilie

Wie bei der Pizza werden dünne Böden geformt (siehe oben). Mit einem Schöpflöffel wird das mit Pfeffer und Muskatnuss gewürzte Rahmgemisch auf dem Boden verteilt. Darauf dünne Zwiebelringe legen, feingeschnittenen Speck und obenauf etwas Schnittlauch oder Petersilie. Im heißen Ofen ist der Flammkuchen nach etwa 1 Minute gar und sollte heiß gegessen werden.

Weizenvollkornbrötchen

1 Würfel Hefe
1 TL Honig
1/2 l lauwarmes Wasser
1 geh. TL Vollmeersalz
ca. 750 g frischer, feingemahlener Weizen
ca. 20 g Butter
Sesam und Mohn zum Bestreuen

Hefe und Honig mit Wasser auflösen, das Mehl mit dem Salz einarbeiten. Butter zugeben und kräftig kneten. zugedeckt ca. 20 Minuten aufgehen lassen, nochmals durchkneten und in 4 Teile schneiden. Jedes Teil zu einem ca. 25 cm langen Strang rollen, Sesam, Mohn, (oder auch Leinsamen, gehackte Pistazien, Kürbis- oder Sonnenblumenkerne) auf die Arbeitsplatte streuen, den Strang darin wälzen und in 6 Stücke schneiden. Die Stücke mit etwas Abstand auf ein gefettetes Blech legen und mit einem Tuch zudecken. Bis zur doppelten Größe aufgehen lassen. Ein Gefäß mit Wasser auf den Boden des Backraumes stellen und die Brötchen bei ca. 200°C etwa 20 Minuten backen. Auf einem Rost auskühlen lassen.

7

Dinkelfladen

1 kg Dinkelmehl
100 g Bierhefe
20 g Salz
5 g Zucker
2 EL Öl

Bierhefe in etwas Wasser einrühren und in das Mehl einarbeiten, ebenso Öl, Salz und Zucker. Den Teig für etwa eine halbe Stunde gehen lassen, dann durchkneten und zu 1 bis 2 cm hohen Teigfladen ausziehen. Nochmals für ca. 10 Minuten gehen lassen und im Backofen bei 280 bis 300°C backen.

8

9

Focaccia al formaggio

Brotfladen mit Käse aus Ligurien

250 g Ziegenfrischkäse (oder sehr frischer Blauschimmelkäse)
200 g Mehl
etwa 100 ml kaltgepresstes Olivenöl
1/2 Teelöffel Salz
ein Zweiglein frischer Rosmarin

Das Mehl mit 50 ml Olivenöl mischen und auf dem Backbrett verkneten. So viel kaltes Wasser zufügen, dass ein glatter Teig entsteht. Zu einer Kugel formen, in eine Plastiktüte wickeln und etwa eine Stunde ruhen lassen. Danach den Teig einige Minuten kräftig durchkneten, zu zwei Kugeln formen und auf dem Backbrett nochmals 5 Minuten gehen lassen. Eine Teigportion mit dem Nudelholz dünn ausrollen, vorsichtig mit den Händen nach allen Richtungen so dünn wie möglich ausziehen. Holzbackofen anheizen. Mit der Teigplatte eine gut gefettete, möglichst große (> 50 cm) runde Backform oder statt dessen ein normales Backblech auskleiden. Ziegenkäse würfeln und auf dem Teig verteilen. Mit der zweiten, ebenso dünn ausgewellten Teigplatte abdecken, Ränder andrücken. Mit der Fingerspitze an einigen Stellen eurostückgroße Vertiefungen eindrücken. Teigoberfläche mit Salz und Rosmarinnadeln bestreuen, mit dem restlichen Olivenöl beträufeln. Das Öl mit der Handfläche auf dem Teig verteilen. Den Teig für etwa 10 Minuten in den sehr heißen Backofen schieben, bis die Oberfläche schön gebräunt ist. In große Stücke schneiden und sofort servieren.

Variation 1: Unter den Ziegenkäse frischen, in Streifen geschnittenen Salbei mischen. *Variation 2:* Ohne Ziegenkäsefüllung sehr gut als Beilage zu einem grünen Salat mit Tomaten schmeckend.

Fagioli stufati

Bohnenkerne, im Ofen gekocht

Nach dem Brotbacken ist die Ofenwärme für dieses leckere Gericht noch stark genug:

1 kg weiße Bohnen (die großen Toscanelli)
4 Blätter Salbei
2 Teelöffel Meersalz
1 Teelöffel grob geschroteter schwarzer Pfeffer
2 Knoblauchzehen, zerrieben
1 Zitrone
1/2 Tasse kaltgepresstes Olivenöl

Die Bohnen in einen Keramiktopf

10

11

mit Deckel einfüllen und das vierfache Volumen Wasser aufgießen. Salbei, Knoblauch, Salz und Pfeffer zufügen und gut mit dem Deckel verschließen. Bei ca. 120°C im Backofen etwa 4 Stunden lang garen lassen. Wenn die Bohnen weich und zart sind, Saft der Zitrone, gutes Olivenöl und den Pfeffer dazugeben. Es gibt eine Vielzahl möglicher Variationen: z.B. nur mit Olivenöl, mit gehackter Blattpetersilie, mit angerösteten Salbeiblättern, mit Zwiebelstücken oder -ringen, mit Schinkenstreifen ..., aber immer mit viel frischem, grob gemahlenem oder gestoßenem Pfeffer.

Bruschetta

getoastete Knoblauchbrote

4 große Bauernbrotscheiben
4 reife, aber noch feste Tomaten
4 Knoblauchzehen
8 EL bestes Olivenöl
Basilikum
Salz und Pfeffer

Die Brotscheiben halbieren und von beiden Seiten anrösten. Mit den Knoblauchzehen einreiben und mit Olivenöl beträufeln. Auch so schmecken die Bruschetta schon fein, noch leckerer aber, wenn sie mit Tomaten und Basilikum belegt werden. Dazu werden die Tomaten überbrüht, enthäutet und entkernt. Das Fruchtfleisch wird grob zerkleinert, mit viel feingeschnittenem frischen Basilikum und etwas Salz vermischt, abgeschmeckt und ca. 1/2 Stunde kalt gestellt. Die Mischung mit der Gabel auf das warme Brot auftragen und mit frisch gemahlenem Pfeffer würzen. Bruschettas schmecken außerdem fein mit Pasten aus Oliven/Auberginen, Trüffel/Steinpilz oder auch ganz einfach mit einem Belag aus zerdrückter Kartoffel mit einem Schuss Olivenöl und einer Prise Salz.

Petersilienkartoffeln

600 g Kartoffeln
1 Petersilienwurzel
1 grüne Paprikaschote
0,15 l Gemüsebouillon
0,15 l Milch
1 Bund Petersilie
Paprikapulver
2 Zwiebeln
2 Esslöffel Öl

Kartoffeln und Petersilienwurzel in dünne Scheiben hobeln, Paprika in feine Streifen schneiden. Alles miteinander vermischen und in eine eingefettete feuerfeste Form schichten. Boullion und Milch zusammengießen, gehackte Petersilie dazugeben, mit Paprikapulver und Salz abschmecken und über die Kartoffeln gießen. Die Form in den heißen Ofen schieben und bei 200°C ca. 50 Minuten garen. Zwiebeln in Ringe schneiden, in Öl anbräunen und über die Petersilienkartoffeln streuen.

12

13

Gratin von „Sedani" mit Brennesseln oder Spinat

„Sedani" heißen die ca. 4 cm langen Abschnitte von großen Maccheroni.

500 g (Vollkorn-)Sedani
500 g Brennesseln oder Spinat
100 ml süße Sahne
200 g Ricotta-Frischkäse
50 g geriebener echter Parmesankäse
2 EL kaltgepresstes Olivenöl
Salz

Die Brennesseln (sinnvollerweise mit Handschuhen) putzen; dabei die Spitzen und die zarten Blätter sammeln. In ganz wenig Wasser bei offenem Topf vorsichtig kochen und nach Möglichkeit nicht abgießen, damit die blutreinigenden Stoffe nicht verloren gehen. Fein wiegen, salzen und in eine feuerfeste Form geben; Sahne, Ricotta und ein wenig Parmesan zufügen, alles sorgfältig vermengen. Sollte das Gemenge zu fest werden, ein klein wenig vom Kochwasser der Teigwaren angießen. Zuletzt die abgetropften und gesalzenen Teigwaren dazuschütten, mir dem restlichen Parmesan bestreuen und ca. 20 Minuten im Ofen überbacken.

14

Hühnchen im Lehmmantel

Etwas ganz Besonderes für Gäste im Garten: Geflügel nach Ziegelbrenner-Art. Dieses Rezept stammt aus Italien, wurde früher aber auch in Deutschland in Gegenden mit lehmigem Erdreich zubereitet. Je nach Größe des Ofens haben auf dem Backblech 2 oder 3 Hühner Platz ...

ca. 3 kg Lehm oder Ton
Pergament- oder Backpapier
1 mittelgroßes Huhn (ca. 1 kg) oder anderes Geflügel
5 dünne Scheiben luftgetrockneter (oder geräucherter) Bauspeck
3 EL Olivenöl
1/16 l Vin Santo oder Portwein
je 2 kl Zweige Rosmarin, Thymian und Salbei
Salz, Pfeffer
ca. 1 m Bindegarn

Das ausgenommene Geflügel waschen und gut trocknen. Die Kräuter in die Bauchhöhle stopfen und mit Vin Santo tränken. Die Haut einölen, salzen, und pfeffern. Mit dem Bauchspeck die Oberseite des Huhnes bedecken.
Backpapier mit dem restlichen Olivenöl einpinseln, das Huhn darin einwickeln und zuschnüren. Aus dem Lehm zwei größere Platten (bis 2 cm dick) formen. Eine Lehmplatte auf das Backblech legen, darauf das eingepackte Geflügel legen, mit der zweiten Lehmplatte umhüllen und die beiden Plattenränder fest zusammendrücken. Im vorgeheizten Backofen bei ca. 240°C etwa 2 bis 2,5 Stunden garen. Auf dem Backblech zu Tisch bringen. Durch wenige leichte Schläge mit der Schmalseite eines Hammers bricht die Tonform auf.

Käsekissen

250 g Weizenschrot
200 g Qark
200 g Margarine
1 Teel. Salz
100 g Emmentaler
1 Zwiebel
1/2 Teel. Oregano
1 Prise Salz und Pfeffer

Aus Weizenschrot, Quark, Margarine und Salz einen weichen Teig herstellen und mindestens 30 Minuten kaltstellen. In der Zwischenzeit den Emmentaler reiben, die Zwiebeln fein hacken und mit den Gewürzen mischen.
Den Teig auswellen, in vier Rechtecke teilen, jeweils die Häfte des Rechtecks mit der Käsemischung belegen, die andere Hälfte umklappen und festdrücken.
Die Käsekissen bei 200°C ca. 30 Minuten auf dem Backblech im Ofen backen. Zusammen mit Salat servieren.

Beckenofen

Für 6 Personen.
Dieses originelle Gericht aus dem alemannischen Sprachraum wurde früher am Backtag nach dem Brotbacken in den noch heißen Ofen geschoben. Zum Abdecken des Gerichtes wurde dabei ein Rest des Brotteiges verwendet.

800 g Kartoffeln
1 Zwiebel, 1 Lauchstange
2 - 3 Karotten
ca. 300 g Beinscheiben von Rind oder Hammel
ca. 200 g. Schweinehals, Ripple oder Speck
2 bis 3 Schweinsfüßle
etwas Schweineschmalz
1 große Knoblauchzehe

Eine feuerfeste Form wird mit Schweineschmalz und der Knoblauchzehe ausgerieben. Auf den Boden der Form eine Schicht aus rohen Kartoffelscheiben, Zwiebelringen, Karotten und Lauchstücken legen. Salzen und pfeffern. Darauf das in grobe Würfel geschnittene Fleisch schichten. Abwechselnd Fleisch und Gemüse einfüllen. Die Schweinsfüße geben dem Gericht den herzhaften Geschmack. Die oberste Schicht (aus Kartoffeln) wird mit einem etwa 1 cm dicken Brotteig abgedeckt, damit alles gut im eigenen Saft schmoren kann.
Bei 200°C Anfangswärme 2 bis 3 Stunden im Ofen garen lassen.

Der Sonntagsbraten

Der Sonntagsbraten – im Backofen geschmort – ist ein Gemeinschaftserlebnis an der Tafel und ein Symbol für Genuss. Schon das Ritual des Aufschneidens hat etwas für sich. Egal, ob Hochrippe vom Rind, ob Schweinehals, Lamm oder Kalbskeule, aus geschmacklicher Sicht spricht vieles für den großen Schmorbraten am Stück, weil durch das langsame, schonende Garen die Aromen und der Saft im Fleisch bleiben. Es gibt auch keinen Grund, sich vor der 3 - 4 stündigen Garzeit im Ofen zu fürchten. Wer weiß, wie man mit Zeit umgeht, kennt den Schmor-Braten als Zeitgeschenk, weil dieser – einmal im Ofen – sich fast wie von selbst zubereitet.
Nach kurzem Anbraten garantiert das langsame Garen bei max.120°C die Zartheit des Bratens und sorgt für ein unvergleichliches Geschmackserlebnis.

15

16

17

Zuppa Valdostana

Das Aostatal ist eine italienische Region, die von Basel über den Genfer-See und den Gran Bernardo in knapp 5 Stunden mit dem Auto erreichbar ist. Dort habe ich vor Jahren ein sogenanntes Arme-Leute-Essen (Cucina povera) kennengelernt. Die Zuppa Valdostana ist ein einfaches Wintergericht. Wichtig dabei ist der Bergkäse, geeignet ist eine Sorte, die man für Fondue oder Raclette nimmt.

Hier das Rezept für 6 Personen:
6 Scheiben Brot vom Vortag
gute Rinderbrühe
200 g Fontina oder Raclette-Käse
1/2 Kohl oder 250 g Rosenkohl
1 Zwiebel, 1 Stück Butter
ein wenig Muskatnuss

In einem Topf die Zwiebel mit Butter andünsten, das in Scheiben geschnittene Kraut hinzufügen. Alles aufkochen, dann für eine Stunde bei schwacher Hitze köcheln lassen. In der Zwischenzeit die Brotscheiben toasten bzw. leicht anrösten. In einen feuerfesten Topf das Brot, den Käse, Kohl und Zwiebeln schichten, dazu Muskatnuss und die Brühe und das Ganze im Ofen bei ca. 180°C ca. 20 Minuten garen. Heiß servieren.

Ofenschlupfer oder Scheiterhaufen

6 altbackene Brötchen
50 g blättrig geschnittene Nüsse
60 bis 80 g Butter
je 70 g Rosinen und Korinthen (abgebrüht)
4 Eier
60 g Zucker, 1/2 l Milch
abgeriebene Zitronenschale (ungespritzt)

Die altbackenen Brötchen in feine Scheiben schneiden und eine gebutterte Auflaufform damit belegen. Die Nüsse, die abgeriebene Zitronenschale und Butterflöckchen dazwischenstreuen ebenso die Rosinen und Korinthen. Eier, Zucker und Milch verquirlen und über den „Ofenschlupfer" gießen. Die Masse eine Stunde stehen lassen, damit die Flüssigkeit vom Brot aufgenommen werden kann. Dann „schlupft“ die Form in den Ofen und backt bei ca. 180°C in etwa 40 Minuten auf. Werden vorher noch Butterflöckchen auf die Masse gelegt, wird die Kruste knuspriger.

Kirschplotzer

1500 g dunkle Süßkirschen
125 g Mandeln
200 g altbackenes Vollkornbrot
1/8 l trockener Weißwein
4 cl Kirschwasser
6 Eier
125 g Butter
200 g brauner Zucker
1 Esslöffel Kakao
1/2 Teelöffel Zimt
1 Prise Salz
Butter zum Einfetten
Semmelbrösel

Die Kirschen waschen, gut abtropfen lassen, entstielen und über einer Schale entsteinen, Saft auffangen. Mandeln mit kochendem Wasser überbrühen und zusammen mit dem in Scheiben geschnittenen Brot durch die Mandelmühle drehen. Mit Kirschsaft, Wein und Kirschwasser vermischen. Eigelb mit Butter und Zucker schaumig rühren, dann nach und nach die Brot-Mandel-Mischung, Kakao und Zimt untermischen. Eiweiß und Salz zu steifem Schnee schlagen und ebenfalls unterziehen. Zum Schluss Kirschen in den Teig geben. Eine große Springform gut mit Butter einfetten und mit Semmelbrösel bestreuen. Teig einfüllen und den Kirschplotzer im Backofen bei ca. 180°C 60 Minuten lang backen. Auf einem Kuchendraht abkühlen lassen.

19

Auch Bratäpfel gelingen wunderbar im Holzbackofen.

Schwäbischer Pfitzauf

250 g Mehl
1/2 l Milch
4 Eier
1Prise Salz
abgeriebene Zitronenschale (unbehandelt)
50 g zerlassene Butter
Butter zum Einfetten
Puderzucker

Mehl in eine Schüssel sieben. Die Milch unter ständigem Rühren mit einem Schneebesen dazugeben, dann die aufgeschlagenen Eier, das Salz, die Zitronenschale und zum Schluss die zerlassene Butter unterrühren. Den Teig 10 Minuten ausquellen lassen. 4 kleine Auflaufförmchen mit Butter einfetten und den Teig hineingießen. Im Backofen (220°C) in 30 Minuten hellbraun backen. Dabei die Ofentür nicht öffnen.
Pfitzauf auf Portionsteller stürzen und mit Puderzucker bestäuben. Heiß mit Kompott als Dessert servieren, oder kalt mit Schlagsahne als Kaffeegebäck reichen.

Fotos 1, 2, 9: Silke Trunk
Fotos 3, 4, 5, 6, 11, 14, 16, 17: Tobias Junker
Fotos 7, 8, 10, 12, 13, 15, 19: Bernhard Keller
Foto 18: Gunther Schwarz

Weitere Bücher im ökobuch Verlag

Anders gärtnern

Permakultur-Elemente im Hausgarten. Ob Kräuterspirale, Krater- bzw. Hochbeet, Kartoffelturm, Wurmfarm oder Erdgewächshaus mit Hühnerstall, bei allem dient die Natur als Vorbild. Mit vielen Anleitungen für einen Hausgarten, in dem die Bereiche harmonisch zusammenwirken und sich gegenseitig fördern. Von Margit Rusch. 96 Seiten, mit vielen farbigen Abbildungen, 14,95 €

Mein kleiner Permakultur-Garten

300 kg Ernte auf 150 m² Fläche mitten in der Stadt. Der Autor Josef Chauffrey beschreibt die Kultivierung eines Reihenhausgartens nach Permakultur-Prinzipien und zeigt, wie sich beachtliche Ernteerfolge an Obst u. Gemüse erzielen lassen. 110 Seiten, mit vielen farbigen Abbildungen, 14,95 €

Das Biogarten-Praxisbuch

Anleitung zum naturgemäßen Gärtnern in Bildern. Hier wird das notwendige Wissen vermittelt, um erfolgreich den Boden zu bestellen und reichhaltig gesundes Obst und Gemüse zu ernten. Susanne Bruns. 224 Seiten, viele Abbildungen, 18,95 €

Permakultur im Hausgarten

Mit diesem Buch gibt der Autor einen Leitfaden an die Hand, wie ein Hausgarten Stück für Stück zum persönlichen und vielseitigen Permakultur-Garten gestaltet oder umgestaltet werden kann. Jonas Gampe. 144 Seiten, mit vielen Abbildungen, 16,95 €

Auf 300 qm Gemüseland

... den Bedarf eines Haushalts ziehen. Wie man auf kleinstem Raum einen Nutzgarten anlegt und erfolgreich bewirtschaftet, können wir von unseren Vorfahren lernen. Mit schnellen, praktischen, alphabetisch geordneten Infos über die wesentlichen Pflanzen, über Anbau- und Arbeitsmethoden. Von Arthur Janson. Neugestalteter Nachdruck der Erstausgabe von 1926. 170 Seiten, 13,95 €

Saatgut aus dem Hausgarten

Nach einer Einführung in die Saatgutgewinnung und in die Praxis der Vermehrung werden die nötigen Hilfsmittel, Ernte, Reinigung und Lagerung der Samen sowie Aussaat und Aufzucht beschrieben. Mit kurzen Pflanzenporträts aller im Hausgarten üblichen Kräuter, Gemüse und Blumen. Von Marlies Ortner. 138 Seiten, mit vielen farbigen Abbildungen, 19,90 €

Trocknen und Dörren mit der Sonne

Bau & Betrieb von Solartrocknern. Ein Buch für alle, die einen funktionstüchtigen Solartrockner kostengünstig selbst bauen möchten, um Obst, Gemüse und Kräuter natürlich und hochwertig haltbar zu machen. Außerdem: Praxis des Trocknens mit vielen Tipps aus langjähriger Erfahrung. Herausgegeben von Claudia Lorenz-Ladener. 96 Seiten, mit vielen farbigen Abbildungen, 13,95 €

Terrassen und Decks aus Holz selbst gebaut

Planungsüberlegungen, sinnvolle Konstruktionen, Materialempfehlungen. Viele Beispiele und Schritt-für-Schritt-Bilder vermitteln das Wissen zum Bau schöner Holzdecks. Von Peter Himmelhuber. 102 Seiten, mit vielen farbigen Abbildungen, 14,95 €

Mein Garten lebt

Vögel, Schmetterlinge, Igel, Wildbienen und andere nützliche Tiere ansiedeln. Mit Bauanleitungen und Gestaltungsideen, um durch Nisthilfen, Schlafquartiere u.ä, Gärten tierfreundlich zu gestalten. Von Peter Himmelhuber. 96 Seiten, mit vielen farbigen Abbildungen, 14,95 €

Natürlich konservieren

Die 250 besten Rezepte, um Gemüse und Obst möglichst naturbelassen haltbar zu machen und ein maximum an Vitaminen, Nährstoffen und Geschmack zu erhalten. Herausgegeben von Terre Vivante. 160 Seiten, mit vielen Abbildungen, 14,95 €

Trockenmauern für den Garten

Bauanleitung & Gestaltungsideen. Ob Sitzplätze oder Hochbeete einzufassen, eine Hangfläche zu terrassieren oder das Grundstück einzugrenzen: Mit einfachen Werkzeugen kann jeder kostengünstig eine schöne und dauerhafte Trockenmauer selbst bauen. Von Jana Spitzer und Reiner Dittrich. 96 Seiten, mit vielen farbigen Abbildungen, 13,95 €

Hütten von Kindern selbst gebaut
Das Buch zeigt schön illustriert, wie Kinder ohne großen Aufwand ihr eigenes kleines Reich erschaffen können, mit Baumaterialien, die fast alle draußen zu finden sind: Spielhäuschen, Kuppelbau, Schlupfwinkel, Beobachtungsversteck. Ab 8 Jahre. Von Louis Espinassous. 58 Seiten, mit vielen Abbildungen, 13,95 €

Kleine Baumhäuser und Hütten
... kinderleicht gebaut. Hier wird gezeigt, wie Baum- und Stelzenhäuser gebaut werden können. Mit Anleitungen für verschiedene Konstruktionen und Bildern von realisierten Beispielen. Von David Stiles. 96 Seiten, mit vielen farbigen Abbildungen, 14,95 €

Holzbacköfen im Garten
Detaillierte Bauanleitungen vom einfachen Lehmofen bis zum gemauerten Brotbackhäuschen. Mit vielen Erfahrungen und Ratschlägen sowie pfiffigen Tipps und Rezepten. Herausgegeben von Claudia Lorenz-Ladener. 138 Seiten, mit vielen Abbildungen, 15,95 €

Gestalten mit Stein im Garten
Pflastern von Wegen, Terrassen und Zufahrten, Anlegen von Treppen und das Errichten von Mauern und Hangbefestigungen, mit Hinweisen zur Materialwahl, zu Aufwand und Kosten, und mit Anregungen für eigenes Schaffen. Von Peter Himmelhuber. 126 Seiten, mit vielen farbigen Abbildungen, 15,95 €

Naturkeller
Grundlagen der Kühllagerung und Anleitungen für Planung und Bau naturgekühlter Lagerräume im Haus und Freiland. Von Claudia Lorenz-Ladener. 140 Seiten, mit vielen Abbildungen, 19,90 €

Gestalten mit Holz im Garten
Bodenbeläge, Holzdecks, Zäune, Rankgerüste, Lauben. Bauanleitungen und Gestaltungsideen für Nützliches und Dekoratives aus Schnittholz und aus grünem Holz. Von Heidi Howcroft. 136 Seiten, mit vielen Abbildungen, 18,95 €

Einfache Lauben und Hütten selbst gebaut
Einfache Paradiese zum Selbstbauen. Bauanleitungen für schnell zu errichtende Behausungen (Tipi, Baumhaus, Kuppelbau, Hogan etc.), sowie für schöne Lauben für den Garten oder die freie Natur. Von Claudia Lorenz-Ladener. 160 Seiten, mit vielen farbigen Abbildungen, 16,95 €

Kleine grüne Archen
Passivsolare Gewächshäuser als Alternative zum transparenten Standard-Gewächshaus. Das Buch zeigt, wie Solargewächshäuser freistehend, angelehnt oder teilweise in der Erde versenkt auch selbst gebaut werden können. Von Claudia Lorenz-Ladener. 128 Seiten, mit vielen farbigen Abbildungen, 22,90 €

Mit Weiden bauen
Anleitungen für Zäune, Laubengänge, Wigwams, Sitzplätze und grüne Kuppeln. Arbeiten mit lebendem Material, aus dem sich viele schöne, nützliche Dinge herstellen lassen.
Von Jon Warnes. 60 Seiten, mit vielen farbigen Abbildungen, 12,95 €

Färben mit Pflanzen
Färbepflanzen - Rezepte - Anwendung. Aufbereitung und Anwendung heimischer Färbepflanzen zum Färben von Wolle und Stoffen werden in zahlreichen Rezepten detailliert beschrieben.
Von Dorit Berger. 96 Seiten, mit vielen farbigen Abbildungen, 14,95 €

Bauen mit Frischholz
Vom Spalier bis zur Laube – frisches grünes Holz ist ein ausgezeichnetes Material, um daraus nützliche Gartenobjekte herzustellen. Mit Schritt-für-Schritt-Anleitungen für Pflanzbehälter, Spaliere, Bänke, Lauben usw. Von Alan und Gill Bridgewater. 80 Seiten, mit vielen Abbildungen, 12,95 €

Essbare Wildpflanzen aus dem Hausgarten
150 Arten: Obst, Kräuter, Gemüse. Wie eine dauerhafte Pflanzenlandschaft aus fruchttragenden Bäumen und Sträuchern, wilden Stauden sowie Kräutern und essbaren Bodendeckern geschaffen werden kann. Mit mehr als 70 Pflanzenporträts essbarer Wildfrüchte, Wildkräuter und Wildgemüse und Tipps zu deren Verwertung. Von Marlies Ortner. 126 Seiten, mit vielen Abbildungen, 15,95 €

Bunte Körbe aus Gräsern und Kräutern

Die Technik des Korbwickelns neu entdeckt. Anleitungen zur Herstellung von bunten Körben durch Wickeln und Vernähen von Strängen aus heimischen Faserpflanzen. Mit vielen Schritt-für-Schritt-Anleitungen. Von Walter Friedl. 96 Seiten, mit vielen farbigen Abbildungen, 17,95 €

Hauserneuerung

Instandsetzen - Modernisieren - Energiesparen - Umbauen: mit Anleitung zur Selbsthilfe. Das Buch beschreibt ausführlich den behutsamen, handwerklich sachgerechten und umweltverträglichen Umgang mit alter Bausubstanz. Von G. Haefele, W. Oed und L. Sabel. 256 Seiten, mit vielen Abbildungen, 28,90 €

Vom Altbau zum Effizienzhaus

Energietechnische Gebäudesanierung in der Praxis: Nachträgliche Wärmedämmung der Gebäudehülle, Fenstererneuerung, sowie Sanierung der Haustechnik einschließlich Lüftung, Heizung, Sanitär und Elektro. Hrsg. von Ingo Gabriel und Heinz Ladener. 200 Seiten, mit vielen farbigen Abbildungen, 36,- €

Praxis: Holzfassaden

Material, Planung, Ausführung. Das Buch zeigt nicht nur die gestalterischen Möglichkeiten moderner Holzfassaden, sondern stellt zahlreiche vorbildliche Beispiele und Detaillösungen mit Ecken, Sockel, Dach- und Fensteranschlüssen vor. Von Ingo Gabriel. 112 Seiten, mit vielen farbigen Abbildungen, 28,- €

Handbuch Lehmbau

Umfassendes Lehrbuch und Nachschlagewerk: Es zeigt Einsatzmöglichkeiten, Eigenschaften und Verarbeitungstechniken des Baustoffes Lehm. Mit Forschungsergebnissen und Beschreibungen ausgeführter Lehmhäuser. Von Gernot Minke. 222 Seiten, mit vielen Abbildungen, 38,- €

Neues Bauen mit Stroh in Europa

Bauen mit großformatigen Quadern aus gepresstem Stroh: gebaute Beispiele, erprobte Bauformen und Konstruktionen, Besonderheiten, neue Projekte und Forschungen. Von H. u. A. Gruber u. H. Santler. 112 Seiten, mit vielen Abbildungen, 14,95 €

Handbuch Strohballenbau

Ein Konstruktions-Handbuch, das Konzeption, Bautechnik und alle Details beschreibt, um aus Strohballen gut gedämmte, dauerhafte Häuser zu bauen. Mit vielen Konstruktionsdetails und Beispielen. Von Gernot Minke und Benjamin Krick. 152 Seiten, mit vielen farbigen Abbildungen, 29,90 €

Haus der Zukunft

Ein Drittel aller Treibhausgase entsteht (noch) bei uns Zuhause. Das Buch möchte motivieren und zeigen, wie unser Zuhause in 20 bis 40 Jahren aussehen könnte und welche Wege dorthin führen. Von Simon Grieger. 196 Seiten, mit vielen farbigen Abbildungen, 24,90 €

Regenwasser für Garten und Haus

Ein kompetenter Ratgeber für Planung und Bau von Regenwassersammelanlagen nach dem Stand der Technik: Bemessung, Genehmigung, Speichertanks, Pumpen, Rohrleitungen, Zubehör. Von Karlheinz Böse. 96 Seiten, mit vielen Abbildungen, 16,95 €

Autonome Stromversorgung

Auslegung, Aufbau und Praxis autonomer Stromversorgungsanlagen mit Batteriespeicher für Beleuchtung und für netzferne Handwerks- u. Landwirtschaftsbetriebe. Von Philipp Brückmann und Georg Bopp. 126 Seiten, mit vielen Abbildungen, 18,95 €